明治時代に活躍した写真家、江南信國（1859-1929）が明治時代後期に撮影した写真（❶、幻灯用スライドより）と 2011 年 11 月に撮影した写真（❷）

どちらも静岡県富士宮市上井出付近から撮影されたもの。明治時代後期には、入会地としてつかわれていた草原が富士山の裾野に広がっていたことがわかる（上図の中景から遠景）。また、明治時代に広がっていた草原が、その後すすめられた植林によって現在は森林に姿を変えたことがわかる（下図）。軽井沢の写真でもかつての草地が森林へと移行していることがわかる。序章参照。

3
八岳
在甲斐州
山梨郡
諏訪湖

4
木曽街道
塩尻嶺諏
訪湖水眺
望
英泉画

5
塩尻峠

中山道塩尻峠から諏訪湖、八ヶ岳、富士山を望む各時代の絵画および写真

塩尻峠は長野県塩尻市と岡谷市の境にある。江戸時代の版画では、近景となる塩尻峠周辺の山、中景となる諏訪湖周辺の山の斜面の多くが草原状に描かれる。また茶色や黄色で着色され裸地を示すような描写も認められる。塩尻峠付近には裸地やむきだしになった岩が描かれることも多い。同時期の紀行文によると、塩尻峠周辺の中山道は草原を通っており、大きな樹木は街道沿いに整備された街道松くらいだったようである（❸❹❺）。

次に明治初期から昭和初期にかけて撮影された写真では、塩尻峠周辺の山の斜面は草原に灌木がまじるような状態であり、街道沿いには崩壊地が認められる（❻❼）。

これらのことから、江戸時代の版画の描写はそれほど誇張されていなかったことがわかる。一方、植林された針葉樹が大きく成長した現在は、峠近くの展望台に登らないと諏訪湖を眺めることができない（❽）。

第2章141ページ以降において、絵画史料を通して、人と自然のかかわりがどのようなものであったかを探る。

❻

❼

❽

❸谷文晁作『日本名山図会』から「八岳」。文化9（1812）年刊行。改題前の『名山図譜』は享和2（1802）年に出版された。早稲田大学図書館特別資料室蔵。

❹『木曽海道六拾九次之内』から渓斎英泉作「木曾街道塩尻嶺諏訪ノ湖水眺望」。天保6（1835）年頃刊行。

❺歌川広重作『富士見百図』から「木曽街道塩尻峠」。安政4（1857）年（刊行は安政6〈1859〉年）制作。信州大学附属図書館近世日本山岳データベースより。類似した図柄は、嘉永4（1851）年頃刊行の『岐蘇名所図会』、安政5（1858）年刊行の『冨士三十六景　信濃塩尻峠』にも見られる。

❻日下部金兵衛撮影『中山道塩尻峠から諏訪湖』（NYPL Digital Gallery より）。明治19（1886）年頃撮影。

❼長野縣観光協會発行の絵葉書『塩尻峠ヨリ見タル諏訪地方』。大正7（1918）から昭和8（1933）年の間に発行された。

❽現在の塩尻峠（塩嶺御野立公園展望台）からの諏訪湖の眺望。2011年撮影。

❾高山の稜線付近の風衝地（中央アルプス極楽平付近）
日本にある自然草原のひとつ。雪どけは早いが、強風のため森林が成立しない。ハクサンイチゲ、イワウメなどが咲いている。第1章参照。

❿雪田跡のお花畑（中央アルプス千畳敷カール）
日本の高山で見られる自然草原のひとつ。おそくまで残った雪がとけると、そのあとに花が咲く。ミヤマキンポウゲ、シナノキンバイ、ハクサンイチゲなどが咲いている。高山の植生は、人手の入った草地とはその成り立ちや種構成が大きく異なっている。第1章参照。

⓫火入れによって維持されている半自然草原（長野県茅野市霧ヶ峰柏原地区）
火入れ・放牧・採草などの適度な人間活動で維持されるこうした草原を半自然草原とよぶ。この一帯には本州で最大規模の半自然草原が残る。ここでは4月の中旬から後半に火入れがおこなわれる。第1章参照。

⓬火入れによって維持されている
半自然草原（山口市美祢市秋吉台）
秋吉台は日本有数のカルスト台地として知られる。草の利用がなされなくなって以降も、主に景観維持などのため毎年２月に山焼きがつづけられてきた。最近では防火帯作りや草刈りに市民が参加し、刈った草を堆肥にした野菜作りなどの活動もおこなわれている。火入れの様子は本書 46 ページ。

⓭神戸市北区の棚田の里草地
伝統的な棚田はもとの等高線に沿うように水田がつくられるため、里草地はきれいな緑の曲線として目に映る。この周辺の里草地にはスズサイコ（環境省の準絶滅危惧種）が多く生育している。里草地については、第３章参照。

⓮宝塚市西谷地区の棚田周辺に広がる里草地
里草地は、田畑の畦畔・ため池や小川の堰堤・里山林の林縁などにある半自然草地の総称。この里草地は草刈りのみによって管理されている。里草地の代表種であるチガヤの白い穂（花序）、ノハナショウブの紫色の花が見られる。棚田の周囲には二次林がある。

⑮カワラナデシコ（ナデシコ科）
日当たりのよい環境で夏から秋に花を咲かせる。秋の七草のひとつで、薬草としても用いられてきた。火入れで維持されてきた草原に多い。第1章参照。

⑯オオルリシジミ（シジミチョウ科）
食草のクララ（マメ科）の穂先にとまっている。採草地や放牧地などの半自然草原に生息するが、草地管理の放棄や開発などで減少した。日本産のものは本州と九州の2亜種に分けられ、本州亜種は環境省指定の絶滅危惧IA類、九州亜種は同IB類。第1章参照。

⑰オキナグサ（キンポウゲ科）
日当たりのよい草地に生え、春先に花を咲かせる。かつては全国各地で見られたが、草原の減少や採取により衰退。環境省指定の絶滅危惧II類。第1章参照。

⑱青森県十和田市湯の台地区の草原下の黒色土
黒色土の直下、地表からの深さ約 20cm のところに白色の十和田 a テフラ（To-a：西暦 915 年に十和田カルデラから噴出）が、約 60 ～ 100cm のところに黄白色の十和田中掫テフラ（To-Cu：約 6000 年前に噴出）が認められる。To-a の堆積後、約 1000 年前に黒色土の形成が始まったようである。黒色土の特徴は、第 2 章参照。

⑲長野県茅野市霧ヶ峰柏原地区の草原下の黒色土
遅くとも約 5800 年前頃から形成が始まる。後方に立つ木はカシワ。カシワは火に強い植物とされる。

⑳熊本県阿蘇市大観峰周辺の草原下の黒色土
黒色土に挟まれている黄橙色の層は約 7300 年前に鬼界カルデラから噴出した鬼界アカホヤテフラ（K-Ah）で、厚さ約 20cm にわたって堆積している。K-Ah の堆積前から黒色土が形成されていたことがわかる。第 1 章・第 2 章参照。

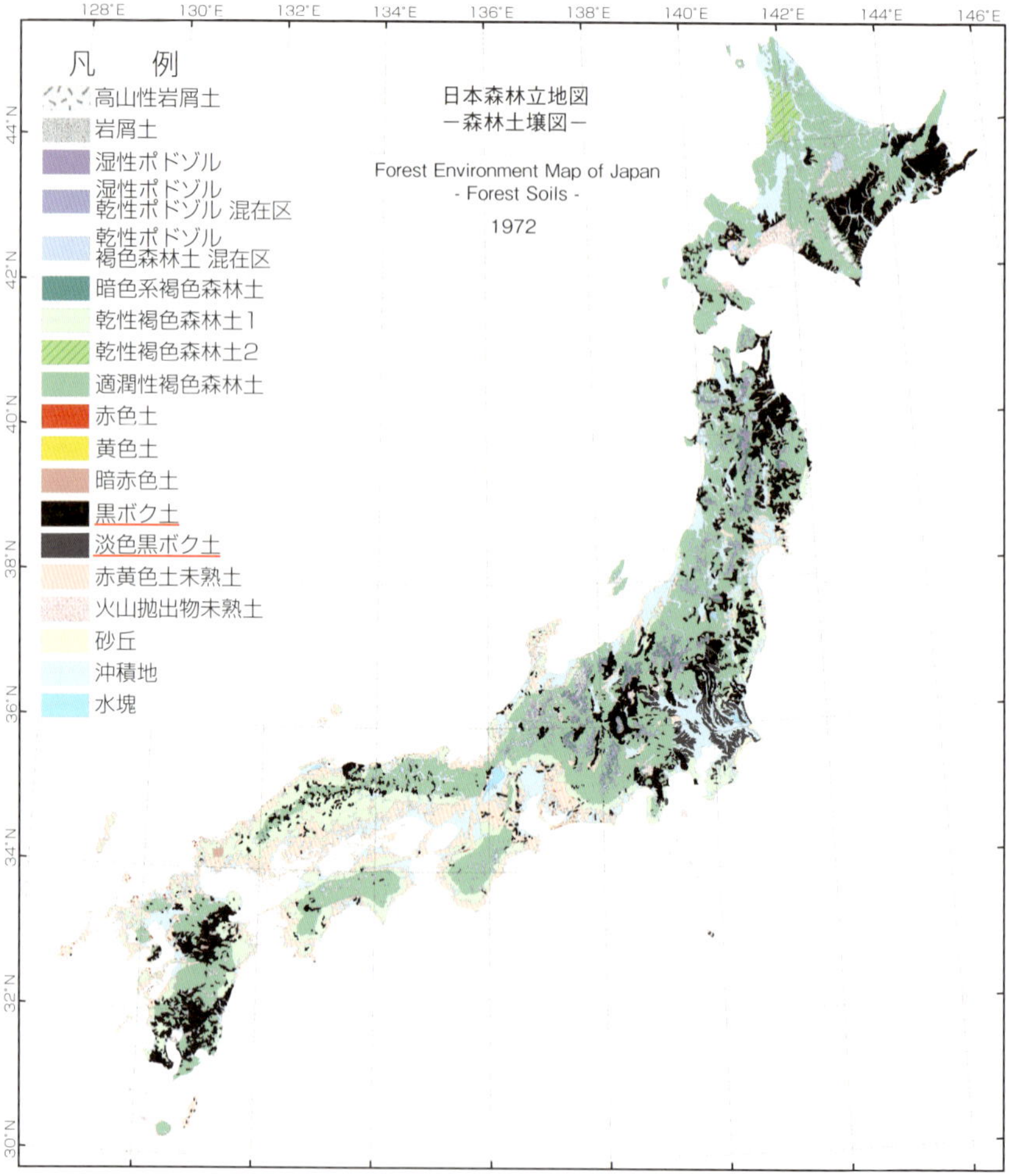

㉑日本の土壌図

黒色土（黒ボク土）は、北海道の東部と南部、東北地方の太平洋側、関東平野、富士山麓、信州、中国山地の日本海側、九州中部と南部に広く分布する。長く続いた草原がこのような地域に広がっていた可能性が高い。序章・第1章・第2章参照。

森林立地懇話会（1972）を改変して使用。

【増補版】

草地と日本人

縄文人からつづく草地利用と生態系

須賀 丈・岡本 透・丑丸敦史［著］

築地書館

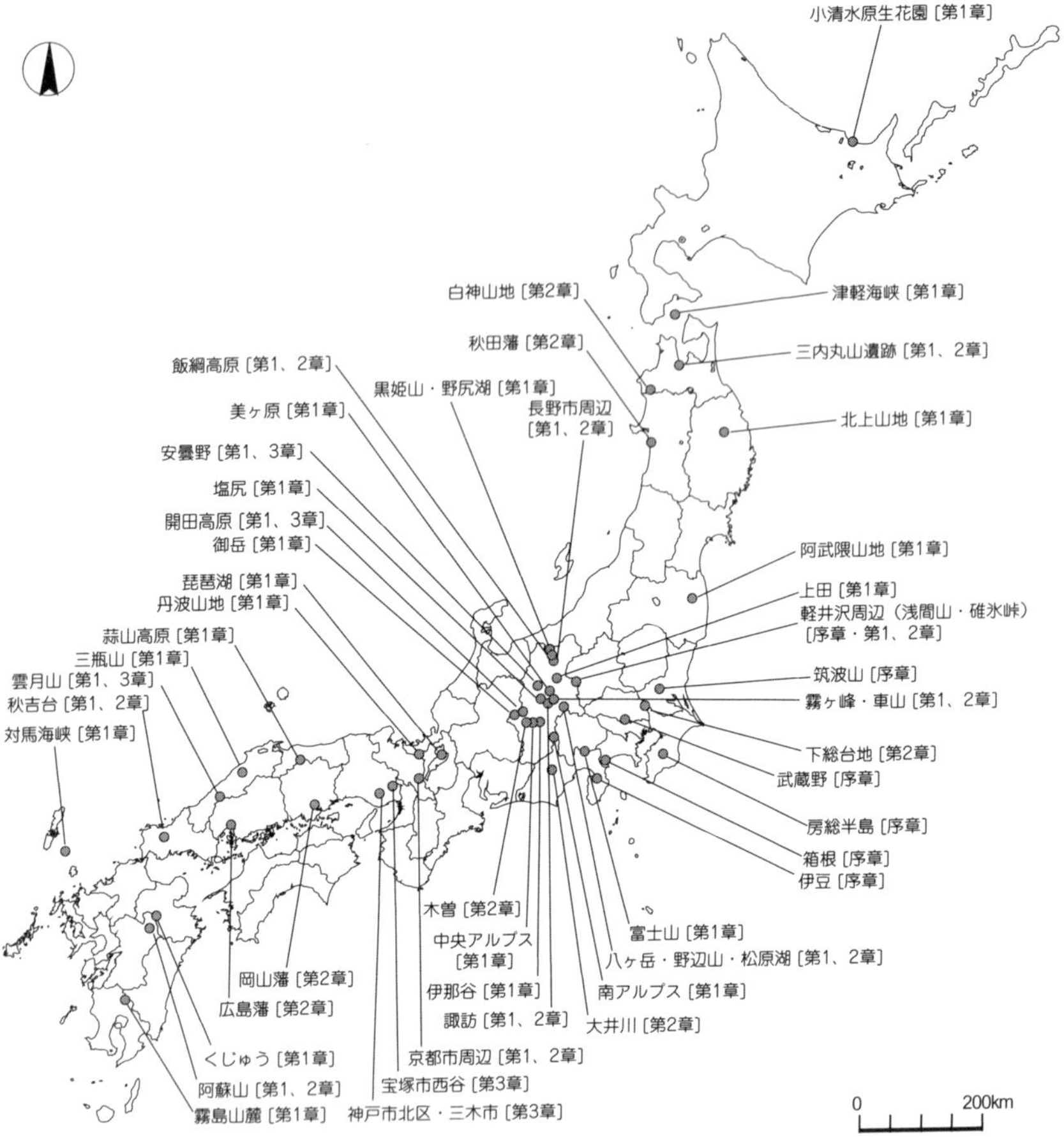

小清水原生花園［第1章］
白神山地［第2章］
津軽海峡［第1章］
秋田藩［第2章］
三内丸山遺跡［第1、2章］
飯綱高原［第1、2章］
黒姫山・野尻湖［第1章］
長野市周辺［第1、2章］
美ヶ原［第1章］
北上山地［第1章］
安曇野［第1、3章］
塩尻［第1章］
開田高原［第1、3章］
御岳［第1章］
阿武隈山地［第1章］
琵琶湖［第1章］
丹波山地［第1章］
上田［第1章］
軽井沢周辺（浅間山・碓氷峠）［序章・第1、2章］
蒜山高原［第1章］
三瓶山［第1章］
雲月山［第1、3章］
秋吉台［第1、2章］
筑波山［序章］
霧ヶ峰・車山［第1、2章］
対馬海峡［第1章］
下総台地［第2章］
武蔵野［序章］
房総半島［序章］
箱根［序章］
伊豆［序章］
木曽［第2章］
中央アルプス［第1章］
富士山［第1章］
八ヶ岳・野辺山・松原湖［第1、2章］
岡山藩［第2章］
伊那谷［第1章］
南アルプス［第1章］
広島藩［第2章］
諏訪［第1、2章］
大井川［第2章］
くじゅう［第1章］
京都市周辺［第1、2章］
阿蘇山［第1、2章］
宝塚市西谷［第3章］
霧島山麓［第1章］
神戸市北区・三木市［第3章］
0
200km

本書で取り上げた地域

もくじ

第二章　草原とひとびとの営みの歴史

堆積物と史料からひもとかれる「眺めのよかった」日本列島

第三章　畦の上の草原

序章

須賀　丈

軽井沢は広大な草原だった

それらの夏の日々、一面に薄《すすき》の生い茂った草原の中で、お前が立ったまま熱心に絵を描いていると、私はいつもその傍らの一本の白樺の木蔭に身を横たえていたものだった。

堀辰雄の小説『風立ちぬ』は、このように始まる。昭和のはじめ頃、堀辰雄は軽井沢で矢野綾子と知り合った。婚約したのち八ヶ岳山麓のサナトリウムに入院した綾子に付き添い、その死を見送った。小説『風立ちぬ』はその経験を基にしているといわれる。小説のかなりの部分は八ヶ岳山麓を舞台に進行する。しかし小説の冒頭は、二人が軽井沢で出会った時期のことを描いている。つまりこの「薄の生い

図１　オキナグサ（キンポウゲ科）。日当たりのよい草地に生え、春先に花を咲かせる。かつては全国各地で見られたが、草原の減少や採取により衰退。国のレッドデータブックで絶滅危惧Ⅱ類。口絵⑰にカラー写真がある。

茂った草原」があったのは、昭和初期の軽井沢である。『風立ちぬ』の冒頭部分の終わり近くに、この草原がもう一度出てくる。季節が夏から秋に変わっている。

> 私はそれから十数分後、一つの林の尽きたところ、そこから急に打ちひらけて、遠い地平線までも一帯に眺められる、一面に薄の生い茂った草原の中に、足を踏み入れていた。そして私はその傍らの、既に葉の黄いろくなりかけた一本の白樺の木蔭に身を横たえた。其処は、その夏の日々、お前が絵を描いているのを眺めながら、私がいつも今のように身を横たえていたところだった。あの時には殆んどいつも入道雲に遮られていた地平線のあたりには、今は、何処か知らない、遠くの山脈までが、真っ白な穂先をなびかせた薄の上を分けながら、その輪廓を一つ一つくっきりと見せていた。

地平線と遠くの山脈まで見渡せる広い草原が描かれている。昭和初期の軽井沢にはこのような広々とした草原があったことを、この描写はうかがわせる。

その後、軽井沢の草原は大きく減った。地元の市民グループ、軽井沢サクラソウ会議がまとめた『もう一度見たい！　軽井沢の草原・湿原』（二〇〇五年）を読むと、そのことがわかる。この本は地元で育った年配の方々からの聞き書きや寄稿文をまとめたものである。それによると、昭和の前半までの軽井沢にはサクラソウやトキソウがたくさん咲く湿地状の場所があった。低い山の南斜面では春に野焼きをして採草地をつくり、ウマの餌にするため毎朝草刈りをしていた。オキナグサ（図1）とアズマギクが一面に咲く原っぱがあった。キキョウ（図2）・オミナエシ・カワラナデシコ（図3）・マツムシソウ

図2　キキョウ（キキョウ科）。日当たりのよい草地で 7～8 月に花を咲かせる。秋の七草のひとつで、薬草としても用いられてきた。草原の減少や採取で減少。国のレッドデータブックで絶滅危惧Ⅱ類。

図3　カワラナデシコ（ナデシコ科）。日当たりのよい環境で夏から秋に花を咲かせる。秋の七草のひとつで、薬草としても用いられてきた。火入れで維持されてきた草原に多い。

図4　マツムシソウ（マツムシソウ科）。高原の日当たりのよい環境で夏から秋に花を咲かせる。とまっているのはクジャクチョウ（タテハチョウ科）。

（図4）・ワレモコウなどの草原の花々もたくさんあったという。

軽井沢の避暑地としての歴史は、明治時代にカナダ生まれの宣教師アレキサンダー・クロフト・ショーがこの地を紹介し、外国人宣教師やその家族が訪れるようになったのがその始まりとされている。外国人避暑客にとっては、冷涼な気候だけでなく、花々の咲き乱れる草原や湿地の風景も魅力であったのかもしれない。

しかしそのような草原や湿地が、今の軽井沢にはほとんど残されていない。軽井沢サクラソウ会議の本には、その変化をくっきりと示す二枚の地図が並べられている。一九二五（大正一四）年頃に草原や湿地であった場所のほとんどが、今では森林やゴルフ場になっている。その様子が手描きの色塗りの地図で示されている。新幹線の停まる軽井沢駅のまわりは今、別荘地や繁華街などになっている。そのあたりも、かつてはほとんどが草原か湿地だったようである。

古い時代の写真にもその様子を示すものがある。たとえば明治時代に活躍した写真家、日下部《くさかべ》金兵衛が撮影した「中山道《なかせんどう》軽井沢からの浅間山」（図5）では、ほぼ直線状にのびる街道の両側に、家屋がまばらにあり、その周囲に樹木のほとんどない平地が広がっている。その一帯は草地《そうち》や湿地であるように見える。平地の背後には前方に小高い山があり、さらにその後方に浅間山がある。前方の小高い山は、そのかたちから見て離山《はなれやま》である。離山と浅間山の位置関係と角度から見て、手前にある樹木のない平地は、今の軽井沢駅の周辺あたりと考えられる。このあたりは今、繁華街やカラマツの茂る別荘地などになっている（図6）。図5では離山の少なくとも上の方にも、樹木がないように見えるが、今の離山は樹木におおわれている。このように明治の写真の景色は、今の軽井沢の景色と大きく異なっている。

碓氷《うすい》峠を写したとされる古い写真からも、その様子がうかがえる（図7）。碓氷峠は中山道で上州

図5　明治時代に撮影された写真「中山道軽井沢からの浅間山」（日下部金兵衛撮影）。街道の両側に樹木のほとんどない平地が広がっている。（Kimbei Kusakabe. Asamayama 〈Fire Mountain〉 from Karuisawa, at Nakasendo 〈188－？～189－？〉, New York Public Library Digital Gallery）。（同じ写真が、長崎大学附属図書館幕末・明治期日本古写真メタデータ・データベースでも公開されている）。

図6　上の図5とほぼ同じ場所の現在の様子。手前に新幹線の線路がある。画面中央付近が軽井沢町の中心部で、店舗のならぶ通りやカラマツの茂る別荘地になっている（2011年 著者撮影）。

（群馬県）と信州（長野県）の境にある峠で、ここから信州側に少し下ったところが軽井沢である。この写真は、明治一〇年代に撮影されたという。前景に草地があり、後方の山の斜面もほぼ全体が草地であるように見える。これとほぼ同じ輪郭の山並みを、現在の軽井沢駅から望むことができる（図8）。画面の左寄り、山の起伏のくぼんだあたりが碓氷峠である。今はここを国道が通っている。かつて草地であった山の斜面が、今では森林におおわれている。

図7　明治時代に撮影された「碓氷峠」の写真。碓氷峠は中山道で上州（群馬県）と信州（長野県）の境に位置する。この写真は信州側の軽井沢から撮影されたと考えられる。写真左寄り、山並みの低くなったあたりが碓氷峠。前景に草地があり、後方の山の斜面もほぼ全体が草地に見える。（放送大学附属図書館所蔵古写真展「日本残像―写真で見る幕末、明治―」より）。

図8　上の図7と同じ山並みを、現在の軽井沢駅から見ることができる。草地であった山の斜面が、樹木におおわれている（2011年 著者撮影）。

人間活動が維持してきた草原

浅間山の山麓、軽井沢をふくむ一帯にあった草原は、数千年、あるいは一万年以上の歴史をもつものであったかもしれない。ここにいた植物や昆虫の多くは、氷期（約一万年前まで）に日本列島が大陸とつながっていた頃に分布を広げ、生き残ってきたものである。気候が温暖化・湿潤化した後氷期約一万年前以降には、火入れ・放牧・草刈りなどの人間活動が草原を維持してきたと考えられる。たとえば平安時代、長《なが》倉《くらのまき》牧とよばれるウマの放牧地が今の軽井沢一帯にあった。それは長倉という地名が、今の軽井沢にも残っている。それは軽井沢町のかなり広い範囲を占めている。

その草原の長い歴史の片鱗が、今の軽井沢の中心部にも残っている。新幹線の停まる軽井沢駅の南側に、大きなショッピングモールがある。駅とショッピングモールのあいだの道路に沿って木が植えられている。都市の街路樹と同じように、コンクリートで四囲をかこまれたわずかな土に、木は植えられている。この土が、黒い。黒色土または黒《くろ》ボ

図９　浅間山麓、軽井沢町の畑の黒色土。黒色土は草原が長くつづいた場所にできる土壌。野火がこの土壌の生成にかかわっているともいわれる（第１章・第２章参照）。

図10　霧ヶ峰の草原の黒色土。霧ヶ峰は長野県の中部に位置し、本州で最大規模の草原が残る。おそくとも約5800年前頃以降、草原として利用されてきたことが知られている。

ク土とよばれる土壌である。近隣に残る畑の土も、この黒色土である（図9）。

黒色土は、草原が長くつづいた場所にできる土壌とされている（図10、口絵⑱〜⑳）。火山灰の積もった場所にできることが多い。最近では、野火《のび》がこの土壌の生成にかかわっているともいわれる。

世界的には乾燥地帯で野火がよく起こる。しかし日本列島では雨が多い。野火はそれほど起こりやすくはないはずである。そこで野火の原因として、人間がかかわっている可能性が指摘されるようになってきた。黒色土の生成の始まった年代が全国各地で測定されている。その値は数千年前から一万年前にさかのぼることが多い。縄文時代である。

ここからいくつかの疑問が出てくる。

縄文人が野火を起こして草原をつくり出していたのだろうか。しかし縄文人はクリやドングリなどの森のめぐみにささえられてその文化を発展させたといわれてきた。野火を人間が起こしたのだとしたら、その主な原因は失火なのだろうか、それとも意図的な火入れなのだろうか。歴史時代には、放牧や草刈りに適した良質な草を得るために火入れがおこなわれたことも多かった。そのような活動は縄文以降、時代とともにどのように移り変わってきたのだろうか。

「武蔵野」は美しい草原だった

軽井沢だけではない。かつて日本列島の各地に草原があった。そのなかでも黒色土があるような場所は、特に長く草原がつづいたとされる場所である。そのような地域が、日本列島の各地にある。たとえば軽井沢から碓氷峠を越えて群馬県側に下ると、その先は関東平野である。関東平野にも黒色土は広く分布する（口絵㉑）。関東平野の台地や丘陵にはかつて広大な草原があった。国木田独歩《どっぽ》の『武蔵野』にもそのことが書かれている。

――昔の武蔵野は萱原《かやはら》のはてなき光景を以て絶類の美を鳴らして居たように言い伝えてあるが、今の武蔵野は林である。林は実に今の武蔵野の特色といっても宜い。

この文章が書かれたのは一八九八（明治三一）年である。この頃には武蔵野の草原のかなりの部分がすでに雑木林になっていた。国木田独歩はその雑木林の美を讃えた。武蔵野では軽井沢よりも早い時代に草原が姿を消したようである。

けれども同じ関東でも、筑波山などをふくむ北東部や房総半島などでは草原的な植生が広く見られたらしい。そのことが当時の地形図からわかる。一八八一（明治一四）年から一八八六（明治一九）年、参謀本部が測図して地形図をつくった。迅速測図とよばれている。測図と同時に『偵察録』があわせてつくられた。地形図をおぎなって植生の様子などを説明したものである。植生史を専門とする小椋《おぐら》純一によると、これらをたんねんに読み解くことで、草原的な植生の広がりを確認することができるという。「牧場 或《あるいは》 草地」「荒蕪地《こうぶち》」「樸叢《ぼくそう》」などとそれらには書かれている。筑波山の周辺や房総半島は、丘陵地や山地の多いところである。そうした場所に草原的な植生が多かった。富士山に近い箱根・伊豆地方の山地でも、草原的な植生が関東地方以上に多かった。そのことが、同じ頃の地形図や『偵察録』、写真などからわかるという（口絵①②）。

一八七一（明治四）年に来日したアレクサンダー・ヒューブナーは、富士山東麓の草原を旅したときの様子を次のように記している。

駕籠に乗って旅をするのは、いわば地面すれすれに飛ぶようなものだ。午前中、草原を横切っている時、草や地衣類や花の茎が私の頬をなでていたし、私の視線は、歩行者なら足で踏むとすぐさま視界から逃れていく神秘的な地帯のなかへと入りこんでいくのだった。これは私にとって一つの啓示のようなものであった。太陽は木の葉の陰や草の茎と戯れていた。私は蜜蜂や蝶や無数の昆虫が花々の萼《がく》にこっそりと忍びこむのを観察した。それにしても何と美しい花々であったことか。巨大な撫子《なでしこ》の花の上に優美に傾いている大きな釣鐘型の青い花。細長い草の円天井の下に咲いている百合の花。（市川慎一・松本雅弘訳）

この描写にある「大きな釣鐘型の青い花」は、キキョウ（図2）を思わせる。

一方、黒色土がないところにもかつて人里近くに草原はかなりあった。それらは黒色土があるところのように長くつづいた草原ではなかったかもしれない。しかしやはり人が利用していた草原である。田畑の肥料（緑肥・刈敷）、牛馬の餌（まぐさ）、屋根をふくためのカヤなどがその主な用途であった。黒色土があるような歴史の古い草原でも、特に人口の増えた近世以降にはこのような用途が増えたと考えられる。

柳田国男『明治大正史　世相篇』（一九三一〈昭和六〉年）にはこうある。

茅屋は至って造作もないもののように思われたが、これとても萱野《かやの》の兼ねて用意せられたものがなくては、そういつでも新たに建てるわけに行かぬ。すなわち古くからの土地経営法と、併行して伝わって来たのである。

カヤぶき屋根をつくるため、カヤをとる草地を集落で古くから維持してきた。しかしこのような草の利用が近代に入ると減少した。『明治大正史　世相篇』の少しあとの部分にはこう書かれている。

——総瓦が自由になって萱野はたちまちに開き尽くされ、一方にはまた家の形がまるで変わって来た。

しかし『里地里山文化論』（二〇〇九年）で、養父志乃夫《やぶしのぶ》はこう書いている。

——昭和四〇年代始めまで里地里山の屋敷は、カヤ葺き屋根が多数を占めた。

養父は、北海道・本州・四国の計一八地区の「里地里山」で聞き取り調査をおこなった。「里地里山」とは、養父の定義によると、「水と空気、土、カヤ場や雑木林から屋敷、納屋、牛馬小屋、畑、果樹園、竹林、植林、溜池、小川、水田、土手、畦《あぜ》など、一連の環境要素が一つながりになった暮らしの場」だという。このような里地里山では、昭和四〇年代までカヤぶき屋根が多かった。

柳田国男はこれに対し、昭和の初頭に「萱野」と「茅屋」の消失について書いた。どのような地域のことを念頭に置いて書いたのかはわからない。場所によってこれらの消失の時期は異なるのかもしれない。東京のような大都市の近郊のことを念頭に置いて柳田はこのことを書いたのだろうか。『明治大正史　世相篇』を執筆した時期、柳田は朝日新聞社編集局の顧問を務めていた。

その後、黒色土のある場所かどうかを問わず、全国各地で草原が失われた。その結果、草原を生育場所とする植物の多くが今では絶滅のふちへと追いつめられることになった。たとえば軽井沢サクラソウ会議の聞き取りに出てくるサクラソウ・トキソウ・オキナグサ・キキョウなどが、そうした植物である。昆虫でも、オオルリシジミ・ヒョウモンモドキ・ヒメヒカゲなどのチョウをはじめとして、そのような例が少なくない。

このような生きものと草原、そしてそこでの人間活動の歴史をさぐること、また今後の姿を考えることがこの本の趣旨である。今、絶滅のふちにある草原性の生物の多くは、氷期に日本列島に移住してきたと考えられる。しかし氷期が終わって気候が温暖化・湿潤化すると、植生の森林化がすすみやすくなった。この時代（後氷期）を通じ、どこにどのようにして草原が維持されてきたのだろうか。人間活動がそこにどうかかわってきたのだろうか。このようなテーマについて考えることは、まさに過去へのはるかな旅路をたどることである。

里山に広がる草原

この旅へのいざないとして、本書があつかうのは、次のような問題である。

草原の生態系は、今の日本で最も危機的な状態にある生態系のタイプのひとつである。絶滅のおそれのある種を掲載したレッドデータブックには、特に植物やチョウなどで草原に依存する種が多くあげられている。秋の七草のキキョウもそのひとつである。

しかし草原が日本の重要な生態系のひとつであるということ自体、あまり広く理解されていないかもしれない。たとえば日本の自然環境や生物の生態について書かれた本は多い。しかし日本の草原について書かれた本は最近まで少なかった。これはおそらく、日本列島の植生が、基本的にはさまざまなタイプの森林で構成されると考えられてきたことと関係があるのであろう。温暖で湿潤な今の気候条件のもとでは、ひとが手を加えなければ日本列島のほとんどの場所で植生は自然に森林へと移り変わる。

しかしそこにひとが手を加えたらどうであろうか。そもそも日本列島の自然は、氷期が終わって縄文時代が始まって以来、ひとが手を加えつづけてきた自然である。最近では、生業《なりわい》のために人手の加えられたこのような景観を総称して「里山」ということが多い（養父志乃夫のいう「里地里山」とほぼ同じものである）。歴史をさかのぼれば、草原は長い時代にわたって「里山」のきわめて重要な要素であった。「里山」の草原は、ひとが適度に手を加えることによって保たれてきた植生である。このような草原を、半自然草原という。後氷期の温暖・湿潤な気候のもとでは生息環境を失うことになったはずの植物や昆虫が、こうした人間活動によって、半自然草原に生きる場所をみいだしてきた。秋の七草もそのような半自然草原の植物である。近年、「里山」に手を入れて草原を利用する生活が失われ、半自然草原のほとんどが失われる結果になった。それは、氷期から生きのびてきた生物の逃避地が失われることでもある。

消えゆく日本の半自然草原を理解するためには、縄文時代に始まる後氷期の人間活動の歴史を理解しなければならない。それは「里山」を一万年の歴史の時間のなかにおいて理解することでもある。近年、この分野の研究は大きくすすみつつある。土壌などの堆積物中にふくまれる植物の微化石などから古い時代の植生変化が復元され、考古学や歴史学からも草原利用の歴史へのアプローチがなされるようになってきた。

そこからは、日本列島の自然と人間のかかわりの歴史についてのかつてのイメージをゆるがすような見方も現れている。たとえば後氷期の特にはじめ頃に、日本列島の各地で野火が多発していたことがわかってきた。そしてこの火災を、人間活動とむすびつける考え方も現れてきた。

過去一万年の自然と人間のかかわりを根本から問い直す

このような見方は、過去一万年の自然と人間とのかかわりの全体に対する見方を、根本から問い直すことにもつながっている。たとえばアメリカ大陸の先住民も、森や草原に火を入れて生態系をつくりかえてきたことが近年わかってきた。火入れは、植生を改変する最古の技術のひとつである。後氷期の陸上生態系の全体を、このような自然と人間の相互作用の場として理解する必要があるのかもしれない。

このような問題に分け入るには、草の茂みをかきわけるようにして、今残る草原の生態を調べ、過去の史料や考古学的証拠をつなぎあわせ、堆積物中のさまざまな微化石を数え上げなくてはならない。このような視点で見れば、ともすればみすごされてきた絵画史料や文書史料のなかにも多くの手がかりがある。この本は、そのようにして浮かびあがってくる過去の草原の姿と現在の草原の姿とのあいだに、橋を架ける試みである。

この橋を架ける上で、特に古い時代については土壌などの堆積物中の成分が手がかりになる。最近この分野の研究が大きな進展を見せている。日本列島の多くの場所で黒色土は縄文時代に生成が始まったとされる。草原植生・火山灰・野火がこの土壌の生成に関係しているといわれている。堆積物中に残る花粉化石などの植生の痕跡や火災で生じた微細な炭なども、そうした歴史を物語ってくれる。植物珪酸《けいさん》体《たい》（プラントオパールまたはファイトリス）とよばれる植物の微化石も、その有力な手がかりになる。たとえばひとまとまりの半自然草原として日本最大のものが、九州の阿蘇《あそ》地方に残っている。この草原が一万年以上の歴史をもつことが最近の研究でわかってきた。

農耕の開始以後には、「里山」のカヤ場などとして草原を維持し利用する営みがあった。歴史時代の文字史料などからもそうした歴史をうかがうことができる。今も残る草原の生態について考えるには、農業の開始以来の人間活動と草地との歴史的なかかわりを見る必要がある。それは田んぼのまわりにわずかに残った草地を守る方策についても、多くのことを教えてくれる。

田の畦の草地は、今も残る半自然草原のうちでも特に重要なもののひとつである。その一つひとつは小さいが、日本全体でその総面積を合計すると、阿蘇の草原よりもはるかに大きい。田の畦の植物の多様性は、草刈りの頻度や水分条件などの立地条件によって細かく影響を受ける。それは、自然の営みと人間の営みとがきめ細かくからみあう場である。しかしそこに生えている植物のなかにも、氷期の草原からの生き残りがある。そのような植物を保全することは、自然とひととがからみあう過去と未来を、今そこにある畦の現場でつなぐことでもある。

本書のねらいと構成

このようなことから、本書は以下三つの章で構成した。わたしが担当した第一章では、導入として日本列島の草原と人間活動の歴史を大きな構図としてとらえ、現状と未来について歴史をふまえて考えるための下絵を用意する。日本の人里の草地は氷期に広がった草原がその基になっており、後氷期の人間活動によって氷期由来の生物の逃避地として維持されてきた。このことを、その背景をもふくめた全体の見取り図のなかで示す。

岡本透による第二章では、古くから存在してきた草原とそこでの人間活動の歴史について、堆積物中にふくまれる花粉や炭などの種類と量の変遷、また考古学的・歴史学的な史料がどのようにそれを物語るのかがさらに具体的に描かれる。その歴史は約二万年前の最終氷期最盛期に始まる。そして縄文時代に始まる山野《さんや》の利用や里山的な景観の変遷がたどられ、歴史時代の絵画史料や文書史料もくわしく紹介される。

丑丸敦史《うしまるあつし》による第三章では、農地周辺の草地、特に畦の上の草地を中心とした「里草地《さとくさち》」があつかわれる。里草地の歴史は、約二〇〇〇年前の水田稲作農耕の導入とともに始まる。そのような草地が歴史を経たのち今どのような状態にあるのかが、ここではくわしく検証される。草刈りの頻度や棚田《たなだ》のなかでの立地環境のちがいが植物の多様性にどのような影響をおよぼすのかが示され、またこれらの草地を今後どのように保全してゆくべきかについての議論が幅広い視点もまじえて展開される。

三つの章を通して、日本列島の半自然草原の歴史と現状が、大きな時空への旅と現場でのきめ細かい観察によってつながれることになる。生物地理学・生態学と考古学・歴史学、そして生物多様性の保全とを、このようにして、本書ではまだあまり類書にない視点でむすびつけることを試みた。日本の半自然草原を対象とした、総合的な歴史生態学・保全学にむけたささやかな一歩である。

花々の咲く草原をかきわけ、このはるかな旅をさっそく始めよう。

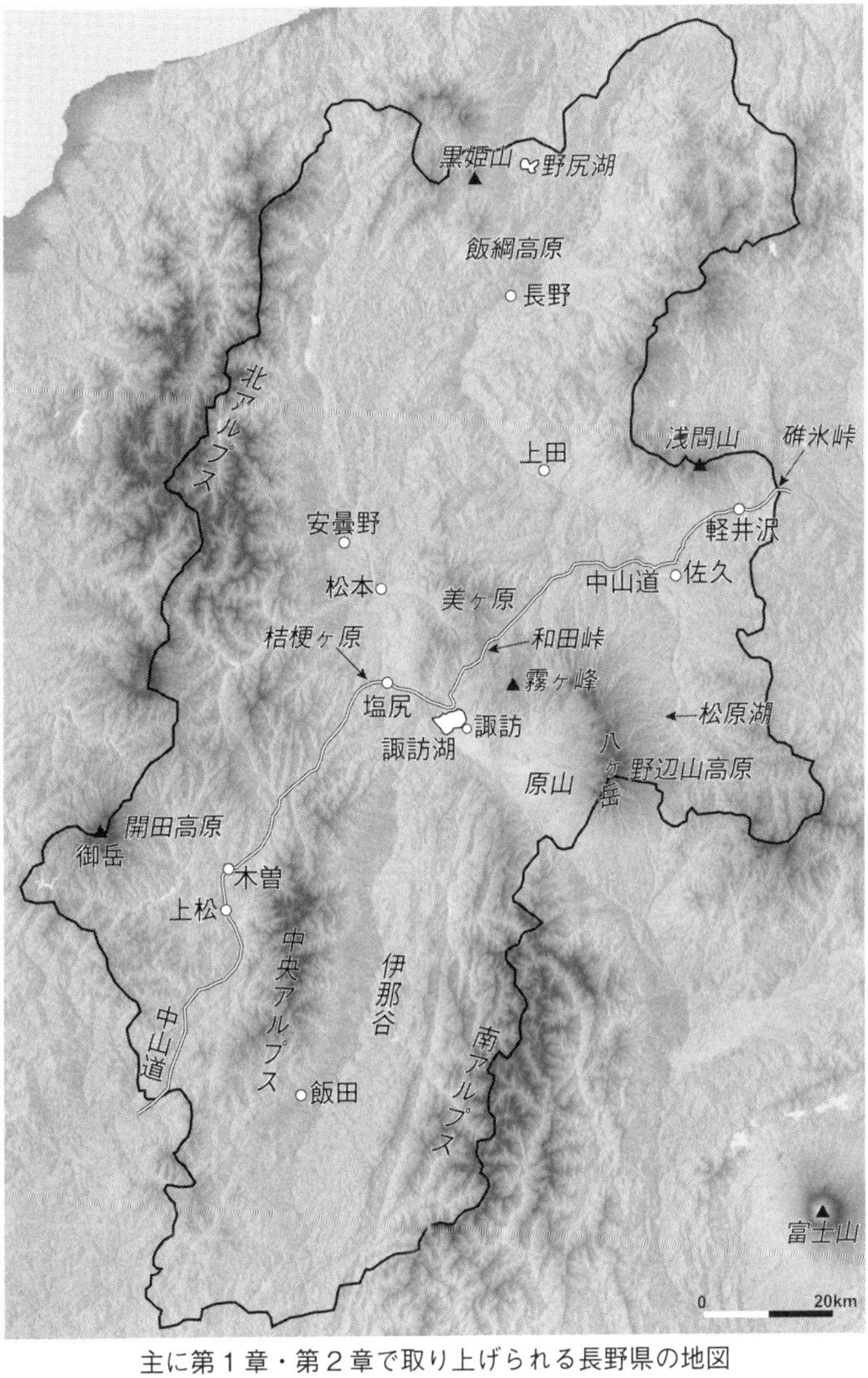

主に第１章・第２章で取り上げられる長野県の地図

第一章　日本列島の半自然草原
――ひとが維持した氷期の遺産

須賀　丈

長野県で絶滅のおそれのあるチョウのひとつにオオルリシジミがある（図1）。田んぼの畦《あぜ》やため池の土手など、ひとが草刈りや火入れをして維持してきた草地《そうち》でしか生きることができない。かつては放牧地にもいたとされている。また九州の阿蘇《あそ》地方にも生き残っている。しかしこれは本州のものとは別の亜種に分類されている。つまり、このチョウは草原性で、人間活動に依存し、今の分布域がせまく、国内で亜種に分かれている。

このようなチョウの来歴について考え始めると、疑問がわいてくる。オオルリシジミは氷期に大陸から日本列島に分布を広げた種のひとつであろう。氷期には気候が寒冷化・乾燥化して草原的な環境が広がりやすかったとされている。分布域がせまく亜種に分かれていることから見て、このチョウは最近急に分布を広げた種ではなさそうである。しかし氷期が終わってから一万年以上が経っている。この時代、日本列島の気候は温暖化・湿潤化して、森林化がすすみやすくなった。そのなかには「縄文海進期」とよばれる、今と同じくらい温暖であった時期もふくまれている。その時代は何千年もつづいた。このような温暖期を、オオルリシジミはどこでどのように生きのびてきたのだろうか。この疑問に答えるためには、日本列島の草原の歴史そのものを解明しなければならない。縄文海進期に草原はどこにあったのだろうか。草刈りや火入れ、放牧は、日本列島でいつ頃から始まったのであろうか。

本章で示したいのは、ひとつの見取り図である。このなかで日本と大陸の草原を、歴史と地理の二つの面からむすびつけることがその目的である。紹介する個々の事例やアイデアの多くは、これまでさまざまなところでさまざまな研究者によって書かれてきたものである。それらは植生史学・土壌学・考古学・歴史学・民族学・生態学・生物地理学など多くの分野にわたっている。しかし相互に十分関連づけられてきたとはいいがたい。それらの知見のなかには、比較的古くからあるものもあれば最近わかってきたこともある。ポイントは、それらのさまざまな分野の知識を関連づけ、ひとつの構図のなかにまとめることである。

この見取り図を描くため、①森や草原と生物の分布、そして②人間活動の歴史、この二つの側面から日本列島の自然を考える。前半では、日本列島の草原を大きな地史的・歴史的背景のなかに位置づける。そのため、記録などに描かれた近代初頭か

図1　オオルリシジミ（シジミチョウ科）。口絵⑯にカラー写真がある

ら戦前までの人里近くの草原の姿をまず振り返り、現在そうした草原がどのように危機的な状態に置かれるにいたったのかを示す。その上で日本列島の草原を北東ユーラシアの地理と植生分布のなかに位置づけ直し、その地史的・歴史的な由来について考える。

本章の後半では、過去の人間活動の歴史が現在の日本の草原にどういう痕跡をとどめているかを見る。そのため草原の歴史にとって画期となるような人間活動の変化が日本列島でどの時代に生じえたかをまず検討する。また阿蘇や信州、関東平野などの草原での人間活動の歴史を事例に即してたどる。そして長く維持されてきた草原が後氷期の温暖な気候のもとで草原性の希少種の逃避地となってきた場合があることを示す。最後にここまでの内容をふまえて、草原のこれからの保全と利用にとって歴史がどのような意味をもつのかを考える。

明治から昭和初期の草原の記憶と今

長野県で絶滅のおそれのあるチョウのなかには草原性のものが多い。チャマダラセセリ（図2）・ヒメシロチョウ・オオルリシジミ・アサマシジミ・ゴマシジミ・コヒョウモンモドキ・ヒメヒカゲなどどである。これらの種の分布域は過去数十年のあいだにかなり縮小したことが標本などの記録からわかっている。

たとえばオオルリシジミは、長野県内の三カ所に生き残っている。しかしかつては県内のはるかに広い範囲にいたことが知られている。オオルリシジミの幼虫は、クララの花やそのつぼみを食べて育つ。クララが生えるのは、火入れや草刈りなどで維持されてきた草原である。草原性のチョウが減った原因はいろいろ考えられる。しかしそのなかでおそらく一番大きな原因は、古くからひとの手で維持されてきた草原が減ったことである。

かつては信州の各地に草原があったようである。軽井沢にかつてあった草原について、序章に記した。けれども草原があったのは軽井沢だけではなかった。

図２　チャマダラセセリ（セセリチョウ科）（伊藤尚人提供）。採草地や放牧地などの草丈の低い草地に生息する。食草はミツバツチグリ・キジムシロ（ともにバラ科）など。国のレッドデータブックで絶滅危惧 IB 類。

幕末に来日したイギリスの外交官アーネスト・サトウは次のような日記を残している。

山道を行くと花で覆われた草深い山腹に出る。桔梗がちょうど咲き始めで、オミナエシは黄色くなり始めている。小型の歯状の葉をつけた柏が豊富に見られた。浅間山、白根の方面の景色が千曲川の渓谷や浦野と別所の谷とともに見渡せる。遥か彼方には信濃と上野を分ける山脈の頂上が見える。一方行く手前方には信濃・飛騨の、さして重要ではない山がある。クジャクソウはあまり見られず、甘草、マツムシソウ、リンド

ウが多かった。（庄田元男訳）

この日記の原文が書かれたのは一八七八（明治一一）年七月二一日である。上田《うえだ》から安曇野《あずみの》方面をめざして峠に向かう途中の登り道の様子が描かれている。キキョウ（序章図2）・オミナエシ・マツムシソウ（序章図4）・リンドウはいずれも草原の花である。クジャクソウはキク科シオン属であるから、ノコンギク・ヨメナ・ゴマナの類をさしているのだろうか。これらは秋のもっとおそい時期に咲くため、七月下旬にあまり見られなかったというのは不思議ではない。甘草は、マメ科カンゾウ属であるとすると、日本には自生せず栽培植物（薬草）になる。実際に生えていたのは、かたちの似た別のマメ科植物（クララ・ツルフジバカマなど?）であろうか。

「柏が豊富に見られた」というのも興味深い。カシワは火に強い植物である。火入れによって維持されてきた草原に行くと、カシワの木が立っていることがある。アーネスト・サトウが見たこの草原も、火入れによって保たれた草原だったのだろうか。

ところで全国各地に「柏原」という地名がある。長野県中部、茅野《ちの》市の大門峠から車山《くるまやま》高原のあたりも「柏原」という地区にふくまれる。この一帯では今でも春に火入れがおこなわれており、美しい草原がある（口絵⑪）。そこにカシワの木が点々と立っている（図3）。土壌は黒色土である（図4）。このことから、この場所が草原として長い歴史をもつことがうかがえる。地名が「柏原」なのは、ここがカシワの木の生えている草原だからであろうか。長野県北部の信濃町にも「柏原」という地名がある。この付近、黒姫《くろひめ》山麓から野尻《のじり》湖にかけての一帯にも黒色土が広がっている。しかし全国で目にする「柏原」という地名の場所のなかには、一見したところ草原の面影《おもかげ》のないところもある。かつてはどうだったのだろうか。

アーネスト・サトウの日記にもどろう。一八七八（明治一一）年の八月一〇日、サトウは塩尻にある「桔梗ケ原という荒地」を通り、塩尻峠（口絵⑥）を越えて諏訪《すわ》湖方面にくだっている。桔梗ヶ原についてサトウは、「採草地として利用されている」と書いている。この桔梗ヶ原は今も地名として残って

図３　カシワ（ブナ科）のある草原（長野県茅野市柏原地区）。火入れによって維持された草原にカシワの木が点在する。カシワは火に強い植物とされる。

図４　火入れ草原の黒色土（長野県茅野市柏原地区）。黒色土は長くつづいた草原にできる土壌。野焼きがその生成に関与しているともいわれる。口絵⑲にカラー写真がある。

いる。ＪＲ塩尻駅の近くである。現在このあたりで見られるのは果樹園・田畑・宅地などであり、ワイナリーの看板も目につく。塩尻峠への登り道について、サトウの日記にはこう記されている。

村を出てからもしばらく道に沿って家が並んでいたが、それを過ぎると一本の木もない草深い荒地を通り抜ける。点々と茂みがあり、鐘のような形をした桔梗の花が咲いているところは真青に見えた。

（庄田元男訳）

アーネスト・サトウの息子で植物学者の武田久吉《ひさよし》は、一九〇三（明治三六）年七月に八ヶ岳に登ったときの様子を次のように記している。今の松原湖の周辺から稜線近くの本沢《ほんざわ》温泉にかけての登り道の様子である。ここに描かれているあたりは現在、大部分が森林になっている。

時に十時十分、この辺から裾野の緩傾斜を真直《まっすぐ》に登るのだが、所々に若いアカマツの林のある草原で、ワラビ、キキョウ、ニガナ、トリアシショウマが花を開き、シラカンバやコナラの若木が疎林をなし、またイブキジャコウソウは花を、キミカゲソウは果実をつけていた。上るにつれて眼界は広くなり、千曲川の彼方には金峯《きんぷ》山を始め、奥秩父の連山が見参に入る。俗に稲子ノ原と呼ばれる原野で、アヤメ、ノハナショウブ、ヤマオダマキ、カラマツソウ、オミナエシ、マツムシソウ、シラヤマギク、ヤマハハコ、ヤマノコギリソウなどがあり、水湿のある所にはクカイソウやシシウドが立っていた。

――(『明治の山旅』より)

このように草原が広がる状況は当時、信州の各地にあったらしい。そのことをほかの資料からも確認することができる。たとえば長野市の近郊(飯綱町《いいづなまち》)に、矢筒山《やづつやま》という小さなまるい山がある。現在は全体が森林におおわれている。しかし二〇世紀初頭に撮影された写真を見ると、全山ほとんど樹木のない状態であったことがわかる。また中堀謙二によると、明治時代には中央アルプスのかなり高いところまで荒地になっていたことが当時の地形図から読み取れる。さらにこれに似た状況が江戸時代の初期にもあったことが、伊那谷《いなだに》を描いた当時の絵図からわかるという。

序章で見た『里地里山文化論』で養父志乃夫《やぶしのぶ》は、長野県のかつての原野の広さを示す数字を引用している。それによると、一八八五(明治一八)年に民有林で四五・八%、官有林で四二・八%が原野であった。なかでも南佐久郡では七九%を原野が占めた。武田久吉が八ヶ岳への登り道で原野を見た場所は、この南佐久郡にふくまれる。またこの南佐久郡の一角には野辺山高原がある。ここはかつて大きな馬産地であった。島崎藤村の『千曲川のスケッチ』(一九一二〈明治四五〉年)にその様子が描かれている。

――

翌朝私達は野辺山が原へ上った。私の胸には種々な記憶が浮び揚《あが》って来た。ファラリイスの駒《こま》三十四頭、牝馬《めうま》二百四十頭、牡馬《おうま》まで合せて三百余頭の馬匹《ばひつ》が列をつくって通過したのも、この原へ通う道だった。馬市の立つというあたりに作くられた御仮屋《かりや》、紫と白との幕、あちこちに巣をかけた商人《あきんど》、一四千人余の群集、そんなものがゴチャゴチャ胸に浮んで来た。

用途別にどのように原野が利用されていたかについては、養父による市川健夫の引用がある。それによると一九〇三（明治三六）年の長野県の記録で、五〇％が刈敷の採取、三一％が牛馬の餌の刈り取り、植林用地が一〇％、放牧が五％であった。

昭和の初期にも、信州では身近に草原があったようである。そのことを示す手がかりのひとつに、長野県環境保全研究所による調査結果がある。信州の各地一六市町村で年配の方々に聞き取りをおこなったものである。それによると、多くの場所での聞き取りに共通した内容として、戦前の里山には子どもたち同士で遊びに行けるような明るい開けた環境の場所が多く、キキョウやオミナエシなどが普通に咲く草原も今よりはるかに多くあったという。ウマが飼われていた地域も多かった。また、シカやイノシシ・クマ・サルのような大型獣の姿を人里近くで見ることがほとんどなかった。その一方で、田んぼや小川には今よりもはるかにたくさんの生きものがいた。これが今もその記憶を伝える方々のいる信州の伝統的な里山の姿である。

これは今の信州の里山の姿とはいろいろな意味で対照的である。雑木林がかつてのように利用されなくなった結果、今では田んぼや畑のある場所のすぐそばまで藪《やぶ》が茂っているところが多い。その藪を移動経路としてシカ・クマ・イノシシなどの大型獣が出てくる。それが農作物に被害をもたらす。クマとの出会いが痛ましい人身事故につながることもある。身近な場所からキキョウが咲くような草原はほとんど姿を消した。キキョウは長野県のレッドデータブックで絶滅危惧種に近い「準絶滅危惧」のカテゴリーに入れられるようになった（日本全域を対象とした環境省のレッドデータブックで、キキョウはこれよりも危険度の高い「絶滅危惧II類」とされている）。水田や小川の生きものも減った。たとえばメダカもレッドデータブックにのるようになった。

大型獣のなかでもシカの急増は農林業だけでなく自然の生態系にも影響をおよぼしている。シカが増えて林床植物がすっかり食べられてしまったところもある。場所によってはタデスミレのような絶滅危惧植物や希少なチョウの食草（コヒョウモンモドキの食草クガイソウなど）にも脅威がおよんでいる。雄大で美しい草原の景観でハイカーや観光客を集める霧ヶ峰高原でも、ニッコウキスゲやユウスゲの花がシカに食われている。ユウスゲは、草原性の絶滅危惧種であるフサヒゲルリカミキリの食草である。南アルプスでは、高山のお花畑がシカに食われてすっかり姿を変えた。

このように戦前から近年にかけて里山の姿は大きく変わった。その影響が奥山《おくやま》にもおよんでいる。背景には農山村での生活と土地利用の変化がある。雑木林で炭焼きをしたり肥料となる若い枝葉（刈敷《かりしき》とよばれる）や薪《まき》をとったりすることがなくなった。その結果、里山の明るい林床が失われた。草地からも刈敷などの緑肥や秣《まぐさ》、カヤなどとして草をとることがなくなった。ウマやウシが飼われなくなった。その役割は農業機械や自動車に取って代わられた。緑肥や厩肥《きゅうひ》にかわって化学肥料がつかわれるようになった。燃料には薪にかわって石油などがつかわれるようになった。労働力は都市部に移動した。草原は畑や植林地、別荘地などに転用された。一九六〇年から二〇〇〇年までのあいだに、長野県で農地の面積は約四割減った。このあいだに森林は四%増えた。長野県の課税対象地で一九六〇年代以降、「原野」は約半分に減り、「山林」が約六割増えた。「原野」とされている場所でも、すでに草原としてつかわれなくなりシラカンバや低木などの藪の茂った林になっている場所が少なくないはずである。農業構造改善事業などにより田んぼやそのまわりの畦の草地、水路のかたちもしばしば大きく変えられた。

ここで信州を特にとりあげたのは、わたしが住んでおり、比較的よく知っている地域だからである。信州は伝統的に牛馬、特にウマの飼育がさかんだった地域である。牛馬の飼育には多くの草が必要だった。全国的にはどうなのだろうか。

日本の草原の減少と草原性生物の危機

かつて信州の身近な草原にあったというキキョウやオミナエシは秋の七草の植物である。盆花として供えるためにとられることも多かった。秋の七草は、『万葉集』の山上憶良《おくら》の歌で数え上げられた植物である。万葉人にとってもこのような草原は身近なものであった。『万葉集』が成立したのは七、八世紀頃のこととされている。このような草原は日本列島の歴史のなかでどのようにして身近な場所に現れ、そして維持され、さらには消えてゆきつつあるのだろうか。

近年の草地の減少は、信州だけではなく全国的に生じた大きな土地利用の変化である。草原の生態系は、湿地や陸水、沿岸や島嶼《とうしょ》の生態系とならんで、今の日本で最も危機的な状態にある生態系であるといってもよい。

二〇世紀初頭には「原野」が約五〇〇万ha（国土の約一三％）以上を占めていたのに対し、近年の草地面積は約四三万ha（国土の約一％）まで減少したとの推定がある。古い時代の統計データを調査した小椋《おぐら》純一の研究である。もっとも小椋によると、古い統計値の解釈から時代変化を追うのにはむずかしい面もある。時代や資料によってもともとの調査方法が異なる上、植生の呼び名にも「原野」「山野」「荒地」などいろいろな表記があり、その内容が明確でない場合も多いためである。二〇世紀初頭に約一三％以上という推定値は、これらのことを念頭に置いて比較的確実な年代について推定されたものである。この比率はほかのいくつかの研究例の数字ともおおむね一致している。『里地里山文化論』で養父は、江戸時代後期で国土の約一二％、明治・大正期から第二次世界大戦前で全国林野の約一〇～一五％という数字を引用している。

近世の絵図や近代初頭の地図の研究もふまえて小椋は、時代をさかのぼれば京都などの都市近郊では高い樹木のほとんどない土地が景観の大部分を占めていたと推測している。草原や灌木地など、高く育った樹木の少ない植生が、近世から近代初頭にかけての時代には、少なくとも今よりもはるかに広い面積をおおっていた。

「原野」が広い面積を占めていた江戸時代や戦後間もない時期には、洪水や土砂災害も頻発した。そのためもあって、さかんに植林などによる緑化がおこなわれた。このこともまた「原野」の減少をもたらした。長野県で戦後生じたような生活の変化（牛馬の飼養の減少、自動車社会への移行、石油などへのエネルギー利用の移行）は、全国的にも生じた。

一方で「原野」にふくまれる草原は、絶滅危惧種となっている植物やチョウなどが特に多く分布している環境でもある。それらのなかには古くから人里のすぐそばで見られたものも少なくない。草原の消失と引き替えに、秋の七草のキキョウのように、歴史の記憶とむすびついた生物が失われつつあることも確かである。

『万葉集』には、秋の七草以外にも草原を思わせる歌が多い。『万葉集』は、日本列島のかつての景観を知るための文字史料として最も古いもののひとつである。

ま草《くさ》刈る荒野にはあれど黄葉《もみちば》の過ぎにし君が形見《かたみ》とそ来《こ》し　（四七）
東《ひむがし》の野に炎《かぎろひ》の立つ見えてかへり見すれば月傾《かたぶ》きぬ　（四八）

どちらも柿本人麻呂《かきのもとのひとまろ》の歌である。歌の深い意味とは別に、ここでは草原に注目してみたい。はじめの歌には「ま草刈る荒野」とある。「ま草刈る」は「荒野」の枕詞だという。しかし文字どおりにとるなら、草を刈る野草地ということになりそうである。二つ目の歌には「野に炎」とある。解説書によると、朝日が昇ってくる夜明けの空を描いているという。反対の方角で沈もうとしている月との対比である。魅力的なイメージである。しかし文字どおりにとるなら、野焼きのイメージである。それが日の出の情景に重ねられているようにも感じられる。

佐竹昭広らの校注による『万葉集（一）』（二〇一三年）は、この歌の新しいよみと解釈を示した。また、校注者のひとり大谷雅夫がこれについて巻末でくわしく解説している。

東《ひむがし》の野《の》らにけぶりの立つ見えてかへり見すれば月かたぶきぬ　（四八）

この解釈によると、『万葉集』原文にある「炎」は「けぶり」で、「狩猟に関わる煙火」だという。大谷の解説は、狩猟の時に火を放ったことだとする契沖（一六四〇－一七〇一）の注解を適切なものとしている。これに対し「炎」を「かぎろひ」とよみ明け方の空の光とする広く知られた解釈は、契沖より後に賀茂真淵（一六九七－一七六九）がそれ以前のよみをあらためたことによるもので、このよみには疑問があるという。

この歌につづけて人麻呂は、亡き皇子が騎乗して狩りをなされた、そのときが来る、と詠う。

日並皇子《ひなみしのみこ》の命《みこと》の馬並《な》めて御猟《みかり》立たしし時は来向かふ　（四九）

騎乗しての狩猟で草原に火を入れた例は、下野狩という中世阿蘇神社の神事でも知られている（八二ページ）。

『万葉集』にはこういう歌もある。

冬ごもり春の大野《おほの》を焼《や》く人は焼き足らねかもわが情《こころ》焼く　（一三三六）

解説書によると、この歌には焼畑の情景という解釈があるようである。しかし文字どおりに、野焼きととることもできそうである。この場合も、狩猟にともなう火入れだろうか。あるいは、ウマの放牧地や採草地などとして草原を利用すること、それに適した草原を維持するための火入れをおこなうことが、当時なされていたとしてもおかしくはない。

額田王《ぬかたのおおきみ》と大海人皇子《おおあまのみこ》の有名な歌のやりとりには、ムラサキという植物が出てくる。

あかねさす　紫《むらさきの》野行き標野《しめの》行き野守《のもり》は見ずや君が袖振る　（二〇）
紫草《むらさき》のにほへる妹《いも》を憎《にく》くあらば人妻ゆゑにわれ恋ひめやも　（二一）

紫草つまりムラサキは、環境省のレッドデータブック（二〇一四）で「絶滅危惧ⅠB類」にランクされている。「近い将来における野生での絶滅の危険性が高い」種である。このレッドデータブックの記述によるとムラサキは、「丘陵の草地などに生える多年草」である。「自然遷移、草地開発、管理放棄により減少している」とされている。

同じように、秋の七草のひとつであるキキョウについての記述を見ると、「山野の草地に生える多年草」とある。「園芸用の採取、自然遷移、農耕地などの管理放棄により減少している」とされている。

キキョウは「絶滅危惧II類」、つまり「絶滅の危険が増大している種」である。

また環境省のレッドデータブック（二〇〇〇）では、維管束植物の絶滅危惧要因として、全国地域メッシュ（区画）数の一五％を「自然遷移」が占めている。「草地開発」が五％である。同様に、チョウでは草原や疎林《そりん》、林縁など人手の加わった明るい環境を生息場所とするものがレッドデータブックの昆虫編（二〇一四）に多く掲載されている。しかも絶滅の危険度のランクが高くなるほど、そのような種の比率が大きくなる傾向がある。

現在残る草原のなかには、その景観に文化的価値や観光資源としての価値が認められているものも少なくない。このことから、火入れ・放牧・草刈りなどをともなう保全活動も各地でおこなわれている。なかでも広い面積をもつ場所として、小清水《こしみず》原生花園・霧ケ峰・蒜山《ひるぜん》高原・三瓶山《さんべさん》・秋吉台・くじゅう・阿蘇などがある。

これらのことを歴史の大きな流れのなかに位置づけるため、一度立ち止まって日本列島をとりまくより大きな地理的環境に目をむけてみよう。失われた「原野」とそれにふくまれる草地の大部分は、人間が利用していたために森林にならない状態で保たれていた景観である。人間による利用がなければ、日本列島の植生の大部分は森林に移り変わる。これは日本列島の気候が全体として温暖・湿潤で、森林の発達に適しているためである。一方、大陸にはこれとは異なった環境の広がりがある。北東アジアの生態環境のなかに、これらのことを位置づけてみよう。

日本列島・北東アジアの植生分布と人間活動

日本列島をふくむ西太平洋の沿岸域では、乾燥地帯に断ち切られることなく森林地帯が南北に長くつづく。この点で地球上でも特殊な地域である。つまりロシアの極東地域から朝鮮半島・日本列島・中国沿岸部・台湾から東南アジアの大陸と島嶼部からオーストラリアの太平洋側まで、赤道を越えて南北にとぎれることなく森林地帯が連続する。この点に注目して、この一帯をアジア・グリーンベルトとよぶことがある。

地球上のこのほかの多くの地域では、広い乾燥地帯が中緯度地方を占めている。モンゴル高原からタクラマカン砂漠を経て西アジアの乾燥地帯にいたる一帯や、アフリカのサハラ砂漠がその代表例である。草原の本拠地はこのような乾燥地帯とその周辺である。モンゴルからヨーロッパまでつづくステップ、アフリカのサバンナ、北米のプレーリー、南米のパンパスなどがそうした広大な大草原地帯として知られている。これらの大草原は、地上で最も多くの哺乳動物をささえる生態環境である。

これに対し日本列島の基本的な植生は、南北の緯度に応じた森林タイプの連続と移り変わりとしてとらえることができる。平地ではおおまかに、西南日本に暖温帯常緑広葉樹林（シイ・カシなどの照葉樹林）、東北日本に冷温帯落葉広葉樹林（ブナ林など）、北海道を中心に針葉樹林が発達する。南西諸島の海岸にはマングローブ林がある。中部日本の太平洋側には、ブナ林と照葉樹林のあいだに、クリ・コナラなどを中心とした落葉樹林の地域があり、中間温帯あるいは暖温帯落葉広葉樹林などとよばれてきた。このタイプの森林の樹種は里山の雑木林に多い。

山に登ると、水平方向で南から北へと旅したときに見られるのに似た変化が森林タイプに見られる。たとえば長野県では、山のふもとの方にコナラやクリなどの里山の落葉広葉樹林、その上にミズナラやブナなどの冷温帯性の落葉広葉樹林、そのまた上にシラビソ・オオシラビソなどの針葉樹林がある。さらに登るとダケカンバ（多雪地に多い落葉広葉樹）の林が現れ、次いで日本アルプスなどの高山では低木のハイマツ帯が広がる。雪どけのあとに高山植物のお花畑が多く見られるのも、このハイマツ帯である。高山の稜線は、むきだしの地面の多い風衝地（強風が植生の発達をさまたげる場所）や裸地になっている場所も多い。風衝地にも丈の低い高山植物が生える。

これらの植生のタイプは基本的に、人間が手を加えず自然遷移による発達を経ることで現れてくる植生である。しかし現在では、特に平地での土地改変により、農耕地・住宅地・市街地などが実際には広い面積を占めている。また森林といってもスギ・ヒノキ・カラマツなどの植林地になっているところが多い。さらにクリ・コナラなどを中心とした落葉広葉樹林は、長く人間に利用されつつ維持されてきた歴史をもつ。

このクリ・コナラなどの落葉樹林は、ブナを欠く点に特徴がある。これに対し、ブナは従来、冷温帯落葉広葉樹林の典型とされてきた。

ところが近年この見方が変わりつつある。冷温帯の太平洋側では、このブナを欠きナラ類（コナラ・

ミズナラなど）の多い落葉広葉樹林が本来の植生ではないか。このような見方が有力になっている。

北海道や東北地方の太平洋側には、温度条件では冷温帯の地域が広い。しかしその範囲にも、ブナ林ではなくブナのないナラ類を中心とした落葉広葉樹林の地域が広がっている。こうした森林の成立と維持に、冬の乾燥や山火事の頻度の高さが関係していると考えられるようになってきた。太平洋側ではかつて春先に山火事が多かった。生態学者の中静透《なかしずかとおる》によると、これらの森林の樹種（コナラ・クリ・シデ類など）は、ブナにくらべて日陰で育ちにくい性質をもっている。しかしナラ属は山火事や伐採のあと株から新しい幹を出す性質が強い（このことを萌芽能力が強いという）。つまり山火事をはじめとした大規模な撹乱に適応した性質をもっている。

冬の太平洋側は乾燥が強い。そのため山火事が起こりやすい。人間が山火事を起こしやすいともいえる。ナラ類はこの環境に適した性質をもっている。それに対し日本海側では雪が多い。ここは世界でも例外的な多雪地域である。ブナが多いのはこの多雪地域である。雪が長く残るので、春先の山火事は起こりにくい。

北海道・東北地方の太平洋側・関東平野には、黒色土が広く分布する（口絵㉑）。黒色土は草原が長くつづいた場所にできる土壌である。野火がその生成に関与しているともいわれる。北上山地や阿武隈山地などの東北地方の太平洋側には、歴史的に牛馬の産地が多い。関東平野でも古代や中世にはウマの放牧地が多かったとされている。牛馬の産地には広い草地が必要である。

生態学者の大住克博によると、明治時代の北上山地には草地や荒れ地が広く存在していた。なかでも比較的平坦な南斜面が草地としてよく利用された。雪どけが早いため火入れがしやすく、草地として利用しやすいためである。そういう場所に黒色土が分布している。今はそうした場所にシラカンバなどの陽樹が生えている。このことからも、冬に乾燥する太平洋側の冷温帯では古くから植生が火による攪乱を受けてきたことがうかがえる。この地方で黒色土ができ始めた年代は、場所によっては数千年以上前の縄文時代にさかのぼる（第二章）。

人が山火事を起こしてきたなら、それは本来の植生とはいえないのではないか。そのようにも考えられるかもしれない。しかし現在見られる森林帯の分布ができあがったのは、約一万年前に後氷期をむかえ気候が現在に近いものになって以後のことである。その時代は旧石器時代が終わり、世界的に人間活動が活発になった時代でもある。日本列島では時を同じくして縄文時代が始まった。つまり後氷期の植生の分布を、過去約一万年のあいだに人間活動が活発になってきた歴史と切り離して考えることはできない。この視点は、日本列島の草原を考える上でも重要である。

とはいえ後氷期の日本列島では、基本的に森林が発達しやすい気候条件がつづいてきた。たとえば本州の北半に広く分布するナラ類などの落葉広葉樹林は、クリ・ドングリなどの豊富な実りをもたらす。このことが東日本を中心に縄文文化が栄えた理由のひとつと考えられている。この自然環境の条件に照らして考えるなら、後氷期で日本列島に草原が広くあった時代や地域には、やはり人間活動の影響があった可能性を考えてみる必要がありそうである。

日本列島で見られる森林タイプの連続と移行は、同じグリーンベルトにふくまれるユーラシア東岸でも同様に見られる。すなわち、東南アジア大陸部から中国を経て極東ロシアにかけて、亜熱帯林の分布域から針葉樹林の分布域への連続的な移行が順次見られる。

中国大陸では、淮河《わいが》から揚子江《ようすこう》のあたりを境に南北で森林帯が分かれる。この南側には気候区分で暖温帯常緑広葉樹林（照葉樹林）の分布域が、北側にはナラ類（モンゴリナラなど）を中心とする落葉広葉樹林の分布域が広がっている。日本と異なり中国大陸でのブナ林の分布域はごく限られている。ナラ林の広く分布する淮河―揚子江付近以北の気候は、冬に乾燥し山火事が起こりやすい。つまり日本の冷温帯の太平洋側とよく似ている。アジア東部を広く見ると、ナラ類の多い森林の方が普通で、ブナ林の方が特殊なものであることがこのことからわかる。

日本列島の日本海側でブナ林が発達するのは、海洋性の気候の影響を強く受けるためである。大陸から吹く冬の季節風は日本海をわたるあいだに湿気をふくみ、日本海側に多量の雪を降らせる。そのため日本海側は冬の乾燥の影響を受けず、雪に強いブナの森林が発達する。ブナ林が日本列島で分布を広げたのは後氷期である。温暖になって海面が上がり、対馬海峡が大きく開いて暖流が日本海に流れ込むようになったことがこのことに関係している。

「文明の生態史観」とユーラシア・日本の草原

人間活動の大きな歴史の流れを、このような植生の大きな分布の上に重ねてみよう。

ユーラシア大陸全体を見ると、モンゴルから西アジアへ大きな乾燥地帯が少し斜めに横切っている。このユーラシア大陸の基本的な植生の配置に注目して、民族学者・比較文明学者の梅棹忠夫《うめさおただお》は「文明の生態史観」を構想し、提唱した。すなわち乾燥地帯の遊牧民と隣接する地域の農耕民の対立と抗争のプロセスとして、ユーラシア史の基本構造を描きだした。このプロセスのなかで中国・インド・ロシア・西アジア―環地中海の四つの地域で大文明が興亡をくりかえした。ユーラシアの両端に位置する西欧と日本は、古代には文明の浸透が遅れたものの、遊牧民による徹底的な破壊からまぬかれたため、中世から近現代にかけての自成的な文明の変化をとげることができた。これが「文明の生態史観」のアウトラインである。

しかし遊牧民が生みだした騎馬の戦術は、西欧や日本の歴史にも深い影響をおよぼした。日本列島ではその最初のインパクトが古墳時代に現れる。騎馬の戦術が日本列島にもちこまれたのは古墳時代である。あとで述べるように、それがおそらく日本の草原や草原性の希少種の分布にも痕跡を残している。また「文明の生態史観」では、西欧の文明と日本の文明が共通の自成的変化をたどったことを示す例のひとつとして、封建制の時代を経たことがあげられている。中世の封建制のもとでは封建領主が地方を分権的に支配した。「文明の生態史観」にははっきりと書かれていないが、封建領主とは主に騎乗して戦う者たち（騎士や騎馬武者）であった。彼らの戦闘力はウマと鉄製の武具によって生みだされた。ウマを飼うのには、草原が必要である。草原は日本列島ではマイナーな植生と思われがちである。しかし歴史的には大きな意味をもった。

日本列島の近くで、自然の状態で広い草原が存在するのは、中国東北部からモンゴルにかけての地域である。ロシアの沿海地方にも草原がかなり広くある。しかし人間が頻繁に火を入れることによって草原が保たれている場所が多いという。興味深いことに、中国東北部やロシア沿海地方の草原にはいずれも、日本の人里近くの草原の植物やチョウと共通の種やごく近縁な種が分布する。

半自然草原とは

火入れのような人間活動の介入があって保たれる草原を「半自然草原」という。これは、「自然草原」や「人工草地」と対比してつかわれることばである。つまり草原のタイプを、人間活動の関与の度合いから自然草原・半自然草原・人工草地の三つに分けることがある。

寒冷・乾燥などのきびしい条件によって自然の状態で維持される草原が「自然草原」である。日本列島で自然草原は、高山や海岸の風衝地などに見られる。日本アルプスなどの高山では、稜線の風衝地や斜面などの雪田跡《せつでん》(夏まで雪の残る窪地)に、高山植物が花を咲かせる草原がある(図5、図6)。このような草原が自然草原である。

これに対し「半自然草原」では、きびしい自然条件のかわりに人間活動が植生を攪乱する(図7、図8)。近現代の日本の低地や山麓に存在した草原のほとんどは、半自然草原である。たとえば人里近くや里山の一部にかつてあったキキョウなどの咲く草原がそれである。中国東北部からモンゴルにかけて

図５　高山の稜線付近の風衝草原（中央アルプス極楽平付近）。強風のため森林が成立しない。ハクサンイチゲ、イワウメなどが咲いている。口絵⑨にカラー写真がある。

の草原は自然草原、ロシア沿海地方で火入れによって保たれている草原は半自然草原と考えられる。これら大陸の草原と日本の半自然草原の植物やチョウに共通の要素が多いことは、それらの要素の起源が共通である可能性を示している。モンゴルなどのステップでは、多くの動物が草を食べて生活している。落雷などによる自然発火で広い範囲の草原が燃えることもある。放牧や火入れは、このような植生へのインパクトを人間がつくり出すことであるともいえる。自然界には火がつくり出す環境に適応した植物があり、野火や火入れの跡地にはそうした植物がよく育つ。

これらに対し「人工草地」は、公園やゴルフ場の芝生、外来牧草を植えた牧草地のように、ひとが草を植えて育てた草地であ

図6　雪田跡のお花畑（中央アルプス千畳敷カール）。日本の高山で見られる自然草原のひとつ。ミヤマキンポウゲ、シナノキンバイなどが咲いている。口絵⑩にカラー写真がある。

る。この点で人工草地は、管理された庭園や農耕地に似た場所であるともいえる。半自然草原と人工草地とでは、生えている植物がかなりちがう。半自然草原の植物の大部分は昔から日本列島に生えている在来種である。それに対し人工草地には外来の植物が多い。キキョウなどの絶滅危惧植物の生育地として注目されるのは、人工草地ではなく半自然草原である。

半自然草原に似たことばとして、二次草原ということばがある。攪乱の要因として半自然草原では人間による介入に注目する。これに対して二次草原の成因には人間の介入のほか、河川の氾濫や火山の噴火などによる自然の攪乱をふくむ。つまり二次草原は半自然草原をふくみ、それよりもやや広い内容をさす。しかし生えている植物は双

図７　火入れによって維持されている半自然草原（長野県茅野市霧ヶ峰柏原地区）。火入れ・放牧・草刈りなどの適度な人間活動で維持されるこのような草原を半自然草原とよぶ。

方に共通するものが多い。現在の日本では、場所的にもかなり重なっている。自然の攪乱によって生じる二次草原が、河川工事などによって今の日本ではほとんど見られなくなっているためである。その結果、草原の植物を守る上で、人の手で半自然草原を維持することの重要性が高まっている。

半自然草原をつくり出す人間活動としては、野火・放牧・刈り取りの三つがある。野火には、失火によるものと意図的な火入れによるものとがある。失火を別にすれば、火入れ・放牧・刈り取りの三つが意図的に半自然草原をつくり出す人間活動である。放牧や刈り取りに適した草地を維持するために火入れがおこなわれることも多い。しかし火入れは別の目的でおこなわれることもある。オーストラリアの狩猟採集民アボ

図８　半自然草原の火入れ（長野県諏訪市霧ヶ峰高原）（川上美保子提供）。田畑の肥料や牛馬の餌として良質な草を得るため、古来このような火入れがおこなわれてきた。

リジニは、火を放つことによって自分たちの食物となる植物の生育を促し、また狩の対象である草食獣の増える環境をつくり出してきた。アメリカ大陸でも、先住民は森や草原に火を放った。それによってやはり自分たちが利用しやすい植物の生育を促進し、狩猟の対象となるシカやバイソンなどが増えるよう生態系をつくりかえていたとされている。このような火入れは、先史時代から世界的におこなわれてきたともいわれている。

なお、「草原」とほぼ同じ対象をさすことばとして、「草地」ということばがある。「草原」と「草地」はどうちがうのだろうか。「草原」は「森林」「沙漠（砂漠）」「河川」「湖沼」などとの対比でつかわれることが多い。これに対し「草地」は「林地」「耕作地」「宅地」などと対比してつかうとしっくりくる。「草原」は生態系の一部分や自然景観としての側面、「草地」は土地利用としての側面に、それぞれ注目したことばだと考えればよいのではないだろうか。本書でもそのような用例をふまえながら、文脈に応じて適宜つかいわけている。たとえば本章では、生物相の分布が日本列島でどのようにできあがってきたかに注目して話をすすめるため、「半自然草原」ということばをつかっている。これに対し第三章では、水田のまわりの畦などの維持管理にかかわる話題をあつかうため、「半自然草地」ということばがつかわれている。

日本の半自然草原

日本列島にかつてあった半自然草原の大部分は過去一世紀ほどのあいだに姿を消した。現在でもややまとまった半自然草原が残っているのは、主にスキー場・河川堤防・防火帯などである。しかしこのほかにも、やや広い面積の半自然草原が残されている地域がある。そのいくつかを、わたしが実際に行ったことのある場所のなかからひろってみよう。

北上山地にはかつて馬産地が多く、各地に広い半自然草原があったとされる。しかし牧畜の近代化のため、外来牧草の牧草地に変えられた場所が多い。それでもわたしがおとずれた二〇〇七年にも、平庭《ひらにわ》高原や早坂高原、種山高原などで、残された半自然草原を見ることができた。ウシを放牧してシバ状の半自然草原を維持している場所もあった。

図９　ニッコウキスゲの咲く霧ヶ峰の草原（長野県諏訪市・茅野市・下諏訪町）。本州で最大規模の半自然草原で、古くから採草地などとして利用されてきた。景観維持のため一部で火入れがおこなわれている。

長野県の霧ヶ峰高原から車山高原にかけての一帯には、本州で最大規模の広大な半自然草原がある。レンゲツツジやコバイケイソウ、ニッコウキスゲなどの花々の咲く雄大な景色は多くの観光客をひきつけている（図９）。ここも古くから採草地などとして利用されてきた半自然草原である。この景観を維持するため、一部で春に火入れもおこなわれている。最近ではシカが増加してニッコウキスゲなどを食べてしまうことが問題になっている。柵で草原の一部をかこって花を守る活動がおこなわれており、効果をあげている。

木曽の開田《かいだ》高原には、少しちがった雰囲気の半自然草原がある。ここにあるのは広く連続した草原ではなく、田んぼや集落の近くに点在する採草地である（図10）。開田高原はかつて木曽馬の産地だったところである。現在もこれらの採草地の草の一部はウシやウマの餌に利用されている。そういうところでは花も多い。しかし利用されなくなった草地が増えている。それでもなお春に火入れがなされている箇所が少なくない。

中国地方の日本海側に近い山間部にも、半自然草原が点々と残っている。岡山県北部の蒜山高原付近には、火入れによって維持されている半自然草原がある（図11）。島根県の三瓶山麓では、江戸時代から和牛の放牧がおこなわれてきた。最近では、半自然草原を維持する活動の一環として和牛が放牧され

図10　開田高原の採草地（長野県木曽町）。田んぼや集落の近くに小規模な草地が点在し、春に火入れがなされている。かつて一帯は木曽馬の産地として知られた。

図11　蒜山高原付近の半自然草原（岡山県真庭市）。火入れによって維持されている。中国地方の山間部にはかつて草原が多くあったとされる。

図12　三瓶山麓の半自然草原（島根県大田市）。草原を維持する活動の一環として、江戸時代からの来歴をふまえて和牛の放牧がおこなわれている。

ている（図12）。広島県北部の雲月山《うづきやま》では、市民参加による火入れで半自然草原が維持されており、ウシも放牧されている（図13）。山口県の秋吉台はカルスト台地の上に広がる半自然草原である（図14、口絵⑫）。春に火入れがなされている。絶滅のおそれのある草原性のチョウであるオオウラギンヒョウモンがいることでも知られている。

　九州の阿蘇からくじゅう高原一帯には、日本で最大規模の半自然草原が広がっている。火入れや放牧がなされ、それらの野草地にかこまれて集落や耕作地がある。絶滅のおそれのある草原性のチョウのひとつ、オオルリシジミがいることでも知られる。宮崎県の霧島山麓には、自衛隊の演習地に広い半自然草原がある（図15）。ここでも火入れがおこなわれている。

　このような半自然草原には、ユーラシア大陸の草原と共通の種が多い。阿蘇―くじゅうの草原は特にこのことで有名である。次の問題は、どのようにして草原やその生物がそのような分布をとるにいたったかである。このことを考えるには、北東アジアの生態環境を空間軸だけでなく時間軸で、つまり地史的・歴史的な視点でもとらえなければならない。

日本列島の生物相の由来と人間活動

日本列島は、世界的に見ても生物相が豊かな地域のひとつであるとされている。そのような評価のひとつとして、たとえば世界の生物多様性ホットスポットとしての評価がある。生物多様性ホットスポットとは、固有種が集中して分布し、その生息環境が危険にさらされている場所である。二〇〇五年に国際的な環境保全団体コンサベーション・インターナショナルが世界の生物多様性ホットスポット三四カ所を発表した。そのなかに日本がふくまれている。日本の自然が世界的にも貴重なものであることをこのことは示している（生物多様性ホットスポットはその後、二カ所が追加され、二〇一六年時点で三六カ所となった）。

図13　雲月山の半自然草原（広島県北広島市）。火入れによる草原再生の活動が市民参加でおこなわれている。火入れ後の草地にウシが放牧されている。

では、日本列島の生物相がこの

ように多様であるのはどうしてなのだろうか。生態学者の湯本貴和は、この問題を検討するための三つの仮説をあげている。

①日本列島の自然環境条件が多様で豊かである。②生物相が形成されるにあたって過去の気候変動と地形形成などの歴史が豊かな生物多様性を涵養《かんよう》した。③人間による自然の持続的かつ「賢明な利用」があった。

図14　秋吉台の半自然草原（山口県美祢市）。カルスト台地上の広大な草原で、古くから採草地として利用されてきた。防火帯づくりや草刈りなどの活動が市民参加でおこなわれている。

図15　霧島山麓の半自然草原（宮崎県えびの市・鹿児島県湧水町）。陸上自衛隊霧島演習場がある。自衛隊の演習場が草原性生物の貴重な生息地になっている例は、富士山麓や妙高山麓にもある。

これらの仮説に対し、実際のところはどうであったのかが問題である。なかでも三番目に出てくる「賢明な利用」などは歴史的に確かめられるものなのだろうか。

二〇〇六年度からの五年間、総合地球環境学研究所（文部科学省）のプロジェクト「日本列島における人間―自然相互関係の歴史的・文化的検討」のなかでこの問題が検討された。プロジェクトリーダーは湯本貴和である。わたしもこのプロジェクトに参加した。本章の骨子となる考え方も、このプロジェクトに参加するなかで育ってきたものである。プロジェクト全体では、特に③の「賢明な利用」についての歴史的事実に即した研究が詳細におこなわれた。プロジェクトには歴史学者・考古学者・生物学者など多分野の一〇〇名を超える研究者が参加した（その成果は巻末の文献に示した）。

ここではむしろ、上の三つの要因の相互関係について大まかな見取り図を描いてみたい。主に雑木林と半自然草原の生物相を念頭に置く。そこでの人間による自然の利用が「賢明な利用」であるかどうかについては、こみいった論議が必要になるので、すでに出版されている成果にゆずる。

ここであつかうのは、①後氷期のめぐまれた気候条件・②氷期以来の生物相の形成史・③後氷期の人間活動、以上の三者が、ざっくりいえばどのように関連しあってきたかである。結論を先にいえば、この三つが互いにからみあうことによって日本列島の生物の多様性が保たれてきた側面がある。三つのうちどれかが欠けていたら、日本列島の人里の自然はもっと単調なものになっていたであろう。

日本列島の形成は、約二〇〇〇万年前の第三紀中新世に始まる。この頃ユーラシア大陸の東の端から陸地が分かれた。そして日本海の形成が始まった。この第三紀は比較的温暖な時代であったとされている。

約二六〇万年前以降の第四紀更新世になると、世界的な気候の寒冷化が起こり、氷期と間氷期がくりかえされるようになった。日本列島では山地が隆起し、日本アルプスなどの高山も形成された。この時代には世界的に草原的な環境が拡大したとされている。日本列島にも草原性の生物や北方系の生物が移住してくるようになった。高山植物や高山蝶などもその例である。

氷期には大陸と日本列島が何度かつながったと考えられている。世界的に海面が低下したためである。高緯度地方の陸地に雪や氷が蓄積したためにこのことが生じた。そのような時代には大陸との生物の行き来が今よりも容易だったはずである。草原性の種・北方系の種が移住してきたのは主にこのような時代とされている。

最終氷期（約七万年前〜一万年前頃）は、約二万年前に最盛期、つまり最も寒冷な時期をむかえた。この頃には日本列島でも旧石器時代（約一万年前頃まで）の人間活動の痕跡がある。この時期には本州・四国・九州がひとつの陸地になった。北海道はサハリンおよび大陸とつながった。九州と朝鮮半島、北海道と本州のあいだはつながらなかった可能性が大きいとされている。対馬《つしま》海峡や津軽《つがる》海峡（いずれも深さ一三〇m）が、このときの海面低下（一二〇m）よりもわずかに深いためである。しかし海峡の幅は今より狭く、海も浅かった。最終氷期よりも前の氷期には、これらの海峡もつながったとされている。

大陸と陸続きになったときの生物の移入経路は、大きく二つあったと考えられている。サハリンから北海道に入る北回りの経路と、朝鮮半島から九州に入る西回りの経路である。

津軽海峡が深くてつながりにくかったため、北海道と本州のあいだには生物相の比較的大きなちがいがある。そのためこのあいだには、ブラキストン線とよばれる生物地理学上の境界線が引かれている。たとえば北海道にはヒグマやキタキツネがおり、本州・四国・九州にはツキノワグマやホンドギツネがいる。また北海道の高山蝶と本州中部の高山蝶では、種がかなり異なる。たとえば北海道のウスバキチョウは本州にはいない。本州のミヤマシロチョウは北海道にはいない。北海道の生物相はロシア沿海地方との共通性が大きい。北海道とサハリンのあいだの宗谷《そうや》海峡（深さ六〇m）や、サハリンと大陸のあいだの間宮《まみや》海峡（深さ一〇m）が比較的浅く、氷期には陸地がつながっていたためである。

本州・四国・九州の生物相のなかには、朝鮮半島や中国東北部の生物相と同じかそれに近いものが多くふくまれている。あとで述べるように、半自然草原の生物にはそのようなものが多い。アカマツ・コナラ・クリ・クヌギのような雑木林の主要な樹種もそうである。火入れ地によく残るカンワもそうである。春先の雑木林の明るい林床《りんしょう》で育つ春植物（スプリング・エフェメラル）のなかにも、そうしたものが多い。フクジュソウ・ショウジョウバカマ・カタクリ・アマナ・アズマイチゲ・ニリンソウなどがそうした例である。もっとも対馬海峡・朝鮮海峡にも津軽海峡と同じくらいの深さがある。そのためここにも対馬海峡線・朝鮮海峡線とよばれる生物地理学上の境界線がある。本州・四国・九州には、大陸との共通種から分化した固有種・固有亜種も多い。チョウのオオルリシジミ（図1）はその例である。オオルリシジミは九州阿蘇地方と信州の草原に生き残っている。九州のものと本州のもの、そして大陸のものが、それぞれ別の亜種に分けられている。このようなものをふくめて朝鮮半島や中国東北部と共通性・類似性の高い生物は、その多くが氷期に西回りの経路で分布を広げたと考えられている。日本の雑木林や半自然草原の生物にはこのようなものが多い。

日本の生物相が豊かなのは、温暖な気候に適応した生物が南の方で氷期を通じて生きのびたためでもある。アルプス山脈以北のヨーロッパや北米大陸の北部は、氷期に厚い氷床におおわれた。それにより多くの生物が死滅した。それに対し日本列島をふくむ東アジアでは、古い生物相が温存される気候が保たれた。現在の西日本の自然植生である照葉樹林（暖温帯常緑広葉樹林）は、氷期にも太平洋側の南部のいくつかの逃避地に残った。それが約一万年前以降、後氷期の温暖化・湿潤化した気候のもとで分布を北に広げた。

照葉樹林が後氷期に日本列島で分布を広げようとしたとき、その行く手には氷期に大陸から来た落葉広葉樹などの森林があった。その一部は、コナラ・アカマツなど雑木林の主な樹種として今も残っている。これらは現在、照葉樹林帯の自然遷移の初期に現れ、遷移の進行とともに消える樹種に位置づけられている。

しかしこのようなことが生じたのは後氷期になってからである。つまりコナラなどの生育地と照葉樹林の生育適地は後氷期になってから大きく重なった。その結果、地史的な分布変化と自然遷移による変化の二つが重なるようになった。

さらに縄文以降の人間活動がそこに加わった。それにより植生の分布変化と自然遷移がともに時間的にひきのばされる結果になった。コナラやアカマツは、人間活動で攪乱された場所に生育する植物である。それと同時に、氷期からの生き残りでもある。つまり人間による攪乱で遷移が押しとどめられることで、温暖な後氷期にもコナラやアカマツの分布域が維持される結果になった。あとでくわしく見るように半自然草原の植物や昆虫もそうである。いいかえれば人間活動による攪乱がつづいてきた結果として、後氷期に適地を広げた生物と氷期からの生物とが共存してきた。このプロセスが時代によってかたちを変えながらも後氷期の約一万年間つづいてきた。日本の生物相が豊かである理由のひとつには、このような側面がある。

氷期からの生物相には固有種もあるが、朝鮮半島や中国大陸との共通の種も多い。共通の種であるから、それらは固有種ではない。これに対しコンサベーション・インターナショナルの生物多様性ホットスポットでは、固有種を評価する。日本に固有種が多いのは、島国だからである。

しかし生物多様性は多面的にとらえなければならない。固有種の多さを評価するのは、そのひとつの側面である。日本の生物相の豊かさのなかには、固有種と大陸との共通種の双方がふくまれている。そしてそれぞれが固有の歴史をもっている。地史的背景と人間活動とのかかわりがそれらの分布に痕跡をとどめている。それは人間と自然のかかわりの歴史をよみとく資料でもある。

氷期に残った照葉樹林の断片のような生物の逃避地を、レフュジアという。現在では、高山のハイマツ帯やお花畑が氷期に移住してきた生物のレフュジアになっている。つまりライチョウや高山植物などが高山のレフュジアで生きのびている。レフュジアということばは、自然に残ったこのような分布域をさして普通はつかわれる。これに対し日本の雑木林や半自然草原は、人間の手でつくられてきたレフュジアであるともいえる。ここに生きる生物たちは後氷期の温暖化とともに生息地をせばめられる運命にあった。人間による適度な植生の攪乱が、これらの生物たちの逃避地をつくり出したと考えられる。

日本列島の草原性生物の由来

以上のことを、草原性の生物にしぼってさらにくわしく見てみよう。まず日本の半自然草原の植物や昆虫はどこからやってきたのだろうか。

中国東北部のナラ林帯から内蒙古《うちもうこ》のステップにかけてのあいだの一帯に、草甸《そうでん》とよばれる植生がある。草原植生の一種である。中国で出版された『中国植被図集』にその分布が描かれている。中国全土の一〇〇万分の一スケールの植生図をまとめた大判の本である。

草原には普通、イネ科の草本が多い。それに対し、草甸にはワレモコウ、ヨモギ類などをはじめとした広葉型の双子葉植物が多いらしい。植物生態学者の田端英雄は、イネ科の多い草原には grassland、広葉型の草本の多い草甸には meadow の語を対応させて区別すべきだという。

もっとも現在の日本列島では、イネ科のススキなどの目立つ草原に広葉型の草本がまじって生えている場合も多い。『万葉集』の秋の七草の歌もそのような風景を思わせる。作者の山上憶良は「秋の野に咲きたる花を指《およ》折りかき数ふれば七種《ななくさ》の花」（一五三七）と詠み、これにつづけてハギ・ススキ・クズ・カワラナデシコ・オミナエシ・フジバカマ・キキョウの名を列挙した。

萩《はぎ》の花尾花《をばな》葛花《くずばな》瞿麦《なでしこ》の花女郎花《をみなへし》また藤袴《ふぢばかま》朝貌《あさがほ》の花　（一五三八）

尾花はススキ、朝顔はキキョウのこととされている。

大陸の草甸には日本の半自然草原や里山と共通の植物が多いという。田端があげているのは、ワレモコウ（図16）・キジムシロ・ノハナショウブ・ススキ・シラヤマギク・クララ・ツルフジバカマ・ヒゴタイ（図17）・ヨモギの仲間などである。このことから田端は、草甸がこれらの植物の本来の生育地であるとしている。氷期には草甸が日本列島にも広がっており、後氷期にはそれが縮小し、姿を消した。その植物の一部が里山の草地や河原、湿地、里山の森林内などに生き残ってきたという。

戦前、「満鮮要素」と名づけられた植物のグループがある。「満鮮要素」とは、朝鮮半島や中国東北部に日本と共通または近縁な種が分布するグループという意味である。草甸の植物は「満鮮要素」の植物に重なると田端は指摘する。最近では「満鮮要素」ということばを「大陸系遺存植物」とよびかえることがある。

阿蘇―くじゅう地域の広大な半自然草原は、ヒゴタイ・キスミレ・フクジュソウなどの「大陸系遺存植物」が多く残る貴重な場所として知られている。また「大陸系遺存植物」のなかに国内ではこの地域でしか見られない種もある。ケルリソウ・ツクシフウロ・ハナシノブなどがそうである。このような意味でもここは貴重な草原である。

わたしたちの研究グループでは、田端の見解をふまえて「満鮮要素」＝「大陸系遺存植物」を「温帯

図16　ワレモコウ（バラ科）。田の畦や日当たりのよい草原に生える。中国大陸の「草甸」にも分布する。絶滅危惧種のゴマシジミ（シジミチョウ科）はこの花の穂に卵をうむ。

草甸要素」とよぶのがよいのではないかと考えている。理由は二つある。ひとつは、「草甸」が本来の生育地であるのならそのことを明確にするのがよいと考えるためである。もうひとつは、「草甸」が中国の植物学でははっきりした位置づけをあたえられている植生であることから、東アジアの生物相を統一的に理解するために同じものを共通の名前でよぶのがよいと考えるためである（森林についても本当は同じことを考えなければならない）。「温帯草甸」というように「温帯」を前につけるのは、田端によると気候帯によって異なるタイプの草甸（広葉型の草本類の生育地）があるためである。

「温帯草甸要素」（かつての「満鮮要素」）の植物は、九州、中国地方から中部地方の半自然草原に多く生育する。この分布パターンから、これらの植物の多くは西回りの経路で氷期に分布を広げたと考えられている。そして日本列島では放牧、採草などの人間活動や火山の噴火がその存続を助けたとされている。

一方、日本の草原の植物には北回りの経路で入ってきたと推定されるものもある。ホテイアツモリソウ・ヒオウギアヤメなどがそうである。また高山のお花畑の植物の多くやハイマツもそうである。これらには、その近縁種をふくめた分布パターンから「周北極要素」とよばれるものや、北太平洋地域、オホーツク海沿岸域に分布するものなどがある。

図17　ヒゴタイ（キク科）。阿蘇―くじゅう地域など中部以西の草原に生える。中国大陸の「草甸」にも分布する。国のレッドデータブックで絶滅危惧Ⅱ類。

このように同じ草原植生といっても、それにふくまれる種の自然分布の範囲は一様ではない。日本列島に生育するにいたった由来もそれに応じて異なると考えられる。たとえば高山に咲くアオノツガザクラ（図18）やチシマギキョウ（図19）を、田んぼの畦で見ることはない。このように人里の半自然草原と日本アルプスなどの高山の自然草原とでは、種の構成がかなり異なっている。それは草原植生が日本列島に入り込んだときの由来のちがいを反映していると考えられる。

草原性のチョウでも西回りの経路・北回りの経路の双

方が考えられる。たとえばオオルリシジミは極東ロシア・中国・朝鮮半島・九州・本州に分布する。北海道では記録がない。このことから西回りの移入経路が推定される。このように考えることで、日本列島で西偏した分布をもつもの・北偏した分布をもつものを区別することができる。一九七〇年代に日浦《ひうら》勇《いさむ》がこのような整理をおこなっている。そして西偏した草原性のチョウとして、ホシチャバネセセリ・ヒメヒカゲ・オオウラギンヒョウモン・ヒョウモンモドキ・オオルリシジミ、北偏した草原性のチョウとして、コキマダラセセリ・アサマシジミ・ヒョウモンチョウ・コヒョウモンなどをあげている。これ

図18　アオノツガザクラ（ツツジ科）。高山の雪田跡に生える。北太平洋沿岸域、北海道と中部以北の本州に分布する。

図19　チシマギキョウ（キキョウ科）。高山の風衝草原や岩場に生える。北太平洋沿岸域、北海道と中部以北の本州に分布する。

らのなかには今では絶滅危惧種となっているものが多い。特に西偏したタイプのものに危険度のランクの高いものが多い。このことは、日本の半自然草原が消滅の危機にあることと軌を一にしている。

草原の生物の例としてもうひとつ、マルハナバチの場合を見てみよう。マルハナバチは、ミツバチに近縁なハチである。花を活発におとずれ、蜜と花粉を巣に運んで幼虫を育てる。植物の受粉に重要な役割を果たしていると考えられている。世界的に草原を中心に分布する。日本のマルハナバチは、森林から草原まで幅広い環境に生息するものが多い。トラマルハナバチなどがそうした種である。しかし草原

図20　クララの花を訪れるウスリーマルハナバチ（ミツバチ科）。日本では山地の半自然草原や林縁付近で見られる。分布は西偏し、本州中部と東北地方、朝鮮半島や中国東北部などに分布するが北海道では見られない。

図21　アオノツガザクラの花を訪れるヒメマルハナバチ（ミツバチ科）。写真中央にいる。本州の高山の草原でよく見られる。北海道の別亜種とあわせて北偏した分布をもつ。

的な環境にとどまった種もある。これら草原的なタイプは草原的環境の少ない日本では分布域がせまい。またマルハナバチにもチョウと同じような分布パターンが見られる。ウスリーマルハナバチ（図20）・クロマルハナバチは北海道に分布せず、朝鮮半島や中国にはいる。つまり西偏した分布をもつ。これらは半自然草原に多い種である。一方、ヒメマルハナバチ（図21）は本州の高山のお花畑にいる。北海道にも同じヒメマルハナバチの別の亜種がいる。つまりこの種は北偏した分布をもつ。

「草甸《そうでん》」を維持した自然の攪乱

ところで氷期の日本列島ではどのような場所に草甸などの草原植生が存在したのであろうか。最終氷期のおおまかな植生の分布は、花粉分析などの結果から推定されている。花粉分析とは、堆積物中の古い時代の化石花粉の組成からその当時の植生を推定する方法である。花粉のかたちは植物の分類群によってちがう。そのため化石花粉の種類の相対的な量からどのような植生が各時代にあったかがわかる。多くの地点の花粉分析の結果から、日本列島全体の氷期のおおまかな植生の分布図が復元されている。

ところが残念なことに、それらを見ても氷期の日本列島のどこに草甸があったのかはわからない。最終氷期の植生図で草原があったらしいことが読み取れるのは北海道である。ただしそれらは現在の雪田草原やタイガ地帯の草原につながるような北方系の草原であったと考えられる。北方系の針葉樹林がこの時代の北海道や東北地方には発達していた。九州から本州にかけての西日本では、温帯性針葉樹林や落葉するナラ類（コナラ亜属）の林が多かったようである。しかしこの本州以南に「温帯草甸要素」の植物が今も多く残っている。このことをどのように考えたらよいのだろうか。

これについては、河川の氾濫や火山の噴火などの自然の攪乱で草甸的な環境が局地的に絶えずつくられていた、というシナリオを考えることができる。日本列島の河川は大陸の河川とくらべて急傾斜である。氾濫などの攪乱がそれだけ起こりやすい。火山が多いのも日本列島の特徴である。このような大きな攪乱をあまり受けない立地条件の場所では、森林が広がっていたのであろう。

後氷期に気候が温暖化・湿潤化すると、森林帯が全体に北へと移動した。西日本の太平洋側では針葉樹が減り、落葉性のナラ類が増えた。数千年前からは常緑の広葉樹林（照葉樹林）が分布を広げた。日本海側ではまずブナが広がり、次いでスギの優勢な森林が発達した。しかし気候が変わり降雨のパターンが変わったとしても、河川氾濫や火山が多いことには変わりがなかったはずである。つまり一時的に草甸的な環境を生みだすような自然の攪乱は、後氷期にも生じやすかったと考えられる。

もっとも火山については保留しなければならない点がある。噴火による火砕流などは、植生を直接破壊したであろう。しかしこのような直接的な破壊だけで、後氷期に草原が何千年もつづいたとは考えにくい。自然の遷移にまかせれば数百年の時間で森林が再生したはずだからである。むしろ一度できた草原をひとが利用しつづけたことで草原として長くつづいたと考えた方が理解しやすい。あとで説明するように、このことには傍証がある。日本に現在ある火山麓の草原も、大部分はひとの手で維持されている半自然草原である。

これに対し、河川の氾濫はもっと頻繁に起こったと考えられる。河川の氾濫原や扇状地には草甸的な環境がつくられやすかったのであろう。このような場所では、地表面が乾燥していても土壌中に水分がある。そして土壌の湿度の多い場所から少ない場所までがモザイク状に形成される。それに応じてさまざまな植物がそれぞれの適地をみいだして生育する。中国東北部の草甸でも似た状況が見られるという。日本の現在の半自然草原でも、地形の凹凸によって同じような状況が見られる。『中国植被図集』で見ると、中国東北部では松花江《しょうかこう》などの河川に沿って今も帯状に草甸が分布しているのがわかる。

氾濫原とその周辺は、日本列島ではのちに水田開発の対象となった。水田と畦の草地、採草地、雑木林などがそのまわりに形成された。日本の里山の草地に「温帯草甸要素」が残ったのはこのためであろう。近世初頭以来、沖積平野でも大がかりな水田開発がすすんだ。現在では、治水事業によって河川氾濫がおさえられている。そのため氾濫原に草甸的な環境ができることが想像しにくくなっている。

これに対し扇状地や火山の山麓では、水田の開発が遅れる傾向があった。近世以前には、このような場所での利水《りすい》がむずかしかった。そのためこのような場所は、採草地や放牧地として長くつかわれた場合が多かったと考えられる。このことはあとで述べるように、黒色土の分布や古代の放牧地の分布からおしはかることができる。

ブローデルの歴史の三つの時間

少し先を急ぎすぎたかもしれない。ここではいろいろな長さの時間をあつかっている。一方には森林や草原の分布形成にかかわるような非常に長い時間がある。他方には個人からの聞き取りや日記が語る短い時間がある。その中間には時代によって変わった土地利用の歴史がある。これらの関係を整理した方がよいかもしれない。

ところで歴史家フェルナン・ブローデルは、その著作『地中海』の序文で、地中海を歴史の登場人物にたとえている。そしてこのように書いている。

思うに、人々がながめ、愛することができるような海は、過去の生活において存在する最大の資料であり続ける。(浜名優美訳)

ブローデルはそうして、「ほとんど動かない歴史」に目をむけた。ブローデル自身の説明によると、それは「人間を取り囲む環境と人間との関係の歴史である。ゆっくりと流れ、ゆっくりと変化し、しばしば回帰が繰り返され、絶えず循環しているような歴史である」。

このことを北東ユーラシアと日本列島の草原に強引に引き寄せてみよう。するとそこには、草原とその生物たちが人間とともに織りなしてきた歴史が、地中海のように立ち現れるかもしれない。氷期から草原に生きながらえてきた花々や昆虫は、そこで「ほとんど動かない歴史」を物語る登場人物たちとなる。彼らは「人々がながめ、愛することができるような」かたちで存在しつづけるなら、過去の生活を知るための資料でありつづける。その歴史の全体像を描くことは、多くの研究分野の協力と融合があって初めてなしとげられることであろう。

ブローデルは歴史のなかに三つの時間の流れがあるとした。「ほとんど動かない歴史」の時間、中くらいの速さの時間、すばやく過ぎ去る時間である。ブローデルはこの三つの異なる速さの時間をそれぞれ、地理的な時間、社会的な時間、個人の時間、として区別した。「ほとんど動かない歴史」は巨大な地理的生態的環境のなかで動く時間である。中くらいの速さの時間は、ブローデルによると「〈社会の〉歴史」「さまざまな人間集団の歴史」である。「経済、国家、社会、文明といった深層の力」がここに働いている。すばやく過ぎ去る時間は、「伝統的な歴史」の時間である。「個人の次元での歴史」「出来事の歴史」というようなことばで、ブローデルはこのすばやく過ぎ去る時間を説明している。

ブローデルの歴史観についての論をここで広げる用意はない。しかし「ほとんど動かない歴史」、つまり地理的な長い時間にブローデルが注目したことには勇気づけられる。草原や花々、昆虫の歴史が、これに関係していそうだからである。

そして半自然草原や里山の歴史にも、速さのちがう三つの時間が流れているのではないか、と考えてみることは楽しい。生きものの生態をあつかう分野にも、考えてみればこれに似た三つの時間がある

（ブローデルのいう三つの時間と同じかどうかは、わからないが）。

長い時間としては、生物の分布形成史であつかう時間がある。分布そのものを研究する生物地理学、化石花粉などから古植生を復元する植生史学は、氷期からつづくこの時間を相手にする。最終氷期から後氷期への変化は、このなかでも大きな変化であったかもしれない。しかし後氷期になると、気候などの自然環境条件の面では「ほとんど動かない歴史」の時間となる。気候が温暖・湿潤で、人間活動による大きな攪乱がなければ、ほとんどの場所で植生が森林に変わってしまう。そのような時間が何千年もつづく。しかしどこかでつねに攪乱がつづいていた。そういう時間である。生物の分布と化石花粉や黒色土に、その時間が残っている。生物のＤＮＡに残る遺伝情報からも、その歴史にせまることができる。

次に中くらいの速さの時間としては、人間活動による景観形成にかかわる時間がある。火山の山麓での放牧、氾濫原での水田開発と里山の形成、つかわれなくなった半自然草原への植林などがそうである。このような土地利用による生態系の変化は、利用できるデータがあれば、景観生態学の対象になる。土地利用が変化するとき、その背後にはしばしば人間社会の経済活動の変化がある。たとえば戦後、半自然草原がほとんどつかわれなくなった。それは石油文明の台頭という生活と経済の大変化があったためである。つまり「さまざまな人間集団の歴史」「経済、国家、社会、文明といった深層の力」が、この変化の背後にあるといえるのではないだろうか。

最後にすばやく過ぎ去る「出来事の歴史」として、生物の日々の生態がある。春に草原に火を入れる。そのあとに草が生える。ウマがその草を食べる。しかしクララには有毒成分があって、ウマはこれを食べない。やがてクララの株につぼみがつく。そこにオオルリシジミが飛んできて卵をうむ（図1）。その卵から幼虫がかえる。その幼虫がクララのつぼみを食べて育つ。いや「出来事の歴史」という以上、むしろ人間に目をむけて、アーネスト・サトウの旅日記や『万葉集』の歌などを思い出すべきだろうか。そういえば『万葉集』の東歌にはこういう歌がある。そこにはオオルリシジミがいたのだろうか。

春の野に草食《は》む駒《こま》の口やまず吾《あ》を思《しの》ふらむ家の児ろはも　（三五三二）

このように考えてみて、今ひとつ焦点がはっきりしないのが、中くらいの速さの時間である。日本列島の草原にかかわる社会の歴史、つまり「さまざまな人間集団の歴史」を、どうとらえるのがよいのだろうか。どこで、それに変化が生じたのだろうか。

草原利用の歴史的変化をどうとらえるか

産業革命の前には、ウマよりも速い交通手段はなかった。かつてウマはそれだけ重要な存在であった。ブローデルは一六世紀の地中海について「ローマ時代における大きさを保っていた。それは人間にとって並外れて大きいものであった」と述べている。同じ一六世紀、ペルーではウマに乗り鉄剣や銃をもったピサロの軍勢（騎兵六〇名と歩兵一〇六名）が、インカ皇帝アタワルパの大軍と衝突した。そして一日の戦闘で何千ものインカ歩兵を惨殺した。インカ側にはウマや鉄器や銃がなかった。ジャレド・ダイアモンドがその著作『銃・病原菌・鉄』のなかで、このことについて書いている。そしてこの戦闘力のちがいを生む遠因となったユーラシアと新大陸の生物地理学的なちがいについて考察している。

ウマが馴化《じゅんか》され戦闘につかわれるようになったのは、古代ユーラシアの草原である。ユーランアは東西に長く、その向きに草原が横たわっている。それに対し南北アメリカ大陸やアフリカ大陸は南北に長い。南北方向には森林・草原・沙漠などさまざまな生態系がある。よその場所から来た農作物や家畜を利用できるかどうかは生態系の条件に制約される。ほかの文化の伝播速度にもそれは影響する。このような生態学的条件のおかげで、ほかの大陸にくらべてユーラシアでは歴史的に東西にすばやく文化が伝播した。ウマもそうである。もっともブローデルにしたがうなら、「すばやく」とは最大でもウマの速度で、ということになるかもしれない。ウマをたくさん飼うには良質な草が大量に必要である。日本列島で組織的にウマを放牧するようになったのは、いつからであろうか。

考古学や歴史学の研究によると、それは三世紀(弥生時代の末期または古墳時代の初期)から五世紀(古墳時代の後半)のあいだのことらしい。三世紀に書かれた『魏志倭人伝《ぎしわじんでん》』には、「其の地に牛・馬・虎・豹・羊・鵲《カササギ》無し」と書かれている。『魏志倭人伝』が当時の日本列島のことをどれだけ広くカバーして書かれたのかは疑問とされている。しかし商人や政治的な使者が大陸からやってきてすぐ日につくようなところには牛馬がいなかったのであろう。この時代までに中国大陸では、漢帝国などと遊牧民族である匈奴《きょうど》などとの熾烈な戦争の歴史を経験済みである。ウマがいるかどうかは、政治的・文化的に異民族を見るときの重大な関心事だったはずである。そして考古学によると、日本列島でも五世紀以降には馬具や牛馬をかたどった土像などが古墳から大量に出土するようになる。放牧が組織的に始まったのは、おそらくこの頃からであろう。それによって新しい草原利用の時代が始まった。日本列島の草原では、ひとつの画期といえるのではないだろうか。

半自然草原を維持する活動には、放牧のほかに、火入れと草刈りがある。これらはいつから重要になるのだろうか。

ここで次の式について考えてみよう。

I＝P×A×T

これは人間活動による生態系への影響の強さを決める条件を説明する式である。Iは impact（影響）、Pは population（人口）、Aは affluence（豊かさ）、Tは technology（技術）の頭文字である。つまり日本語で書くと、

（人間活動の影響）＝（人口）×（豊かさ）×（技術）

という関係をこの式は表している。この式は、数字を実際にあてはめて計算するためのものというより、このような特性が「相乗効果」で生態系に影響をおよぼすことを直感的に表現したものと受けとめた方がよいだろう。つまり、人口が多くなり、自然からより大きな豊かさを享受するようになり、技術による自然改変能力が大きくなるほど、自然への影響が大きくなる。

半自然草原をつくり出し、利用し、維持する営みでこのことを考えてみよう。

技術（T）には、火入れ・放牧・刈り取りがある。ここでは技術のみを問題にし、時代の前後を問わない。火入れや放牧は、比較的少ない労力で広い面積の草原を維持することができる。それにくらべると、刈り取りで広い草原を維持するのにはかなりの労力が必要である。

豊かさ（A）は大きな意味での社会的経済基盤と考えてみよう。おおざっぱにいえば、狩猟採集（縄文時代）→水田稲作農耕（弥生以降）→牧畜（古墳時代以降）→市場経済（近世以降）→工業化（近現代）という流れを考えることができる。工業化のすすんだ近現代の社会では自然を改変する力が非常に大きくなった。そして物質的には大きな豊かさを享受するようになった。しかし戦後の日本では、草原からの資源のかわりに、石油由来の製品など海外の資源を多くつかうようになった。したがって単純には上の式があてはまらない。けれどもおおまかな傾向として、草原の資源からより大きな豊かさを得ようとする社会であるほど、植生への影響は大きかったはずだといえるであろう。

人口（P）はどうだろうか。おおまかな傾向として人口は時代とともに増大してきたはずである。具体的な推定値を出したものとして、歴史人口学の鬼頭宏によるものがある。それによると日本列島の人口は、縄文時代に一〇万人、水田稲作農耕が本格化したあとに一〇〇万人、経済社会化がすすんだ近世に一〇〇〇万人、工業化社会になってから一億人を超えたと推定されている。

ここで技術（T）のうち刈り取りに注目しよう。そしてこれに豊かさ（A）と人口（P）の組み合わさった効果を考えてみよう。水田稲作農耕が始まると、刈敷（肥料）などとして草を刈り取ってつかうようになった。その量的な変化はどうだろうか。近世には人口だけでなく耕地面積も大きく増えたとされている。田畑の肥料や牛馬の餌などの資材として、草もそれだけさかんに利用されるようになった。歴史学の水本邦彦によると、「弥生時代以来の伝統をもつ刈敷農法」は江戸時代に「絶頂期」をむかえた。この時代には全国各地に草山や柴山、はげ山があったとされている。肥料に必要な山野の面積は、田畑の面積の一〇倍を超えたともいわれている。歴史人口学の速水融《あきら》は、一七世紀末期からの約二〇〇年間に信州諏訪地方で世帯規模が縮小したことを指摘し、これを市場経済化の進展とむすびついた小農経営の成立を示すものとしている。この時代、諏訪の霧ヶ峰山麓の集落間では、草本類をはじめとした資源利用をめぐる争いが頻発した。草原の維持にとって刈り取りが量的にも大きな意味をもつようになったのは、特にこの近世あたりの時代と考えられる。良質な刈草を得るために火入れがおこなわれたことも少なくなかった。

一方、人口の少ない縄文時代に草刈りだけで広い面積の草原が維持されたとは考えにくい。では火入れはどうだろうか。ここで黒色土について考える必要がある。黒色土は長くつづいた草原にできるとされている。野火がそれに関与したともいわれている。火入れが野火の原因になった可能性はどうであろうか。火入れは草刈りにくらべると少ない労力で広い草原を維持することができる。黒色土の生成の始まった時期は地域によって異なる。しかし数千年前から一万年前にさかのぼる場所が多いとされている。

とすれば歴史的な順序として、火入れ・放牧・刈り取りが、この順に重要性を増してきたと考えることはできないだろうか。

野火《のび》・黒色土・微粒炭

火山の山麓には噴火の影響で草原が形成されることがある。しかし先に述べたように、このような自然の力だけで何千年ものあいだ草原が維持されたとは考えにくい。後氷期の日本列島では、モンスーンによる温暖・湿潤な気候の影響を受けて数百年の時間で森林が復活するからである。では人間活動による野火がこれにかかわったと考えればどうだろうか。このために近年議論をよんでいるのが、黒色土（図4、口絵⑱〜⑳）である。

黒色土の成因と考えられているものが三つある。イネ科のまじる草原植生・火山活動・人間活動による火災である。

このうち最も広く認められているのが、草原植生とのかかわりである。ススキ・ササなどのイネ科植物の植物珪酸体《けいさんたい》が黒色土には多くふくまれる。植物珪酸体とは、細胞を鋳型《いがた》にしてできるガラス質の微小なかたまりである。プラントオパールまたはファイトリスともよばれる。分類群ごとにそれぞれ特徴的なかたちをつくる。なかでもイネ科植物はこの植物珪酸体を多くつくる。それが土壌中に残る。その種類ごとの割合から、土壌ができた当時の植生がわかる。

今でも日本で比較的広く残っている半自然草原は、黒色土のある地域に多い。統計的な分析でそのことがわかっている。またほぼ同じ地形・地質の場所で比較したとき、草原植生では黒色土、森林植生では褐色森林土というように別の土壌になっている。北上山地や八ヶ岳山麓には、かつて草原として長く利用され、今では森林になっている場所が多い。そういう場所の土壌は黒色土である。これらのことからも、草原と黒色土との深いむすびつきがうかがえる。

火山活動では、テフラと黒色土との関係が議論されている。テフラとは広い意味での火山灰である。テフラは噴火によって上空に噴き上げられ、偏西風で運ばれてから地表に積もる。そのためテフラの分布は火山の東側に偏る。その分布は黒色土の分布とよく一致する。北海道の東部と南部、東北地方の主に太平洋側の山地、関東平野、富士山麓、信州、中国山地の主に日本海側、九州の阿蘇─くじゅう地域、南九州がこうした地域である（口絵㉑）。北上山地には黒色土が多い。しかし北上山地に火山はない。けれどもその西側に奥羽《おうう》山脈があり、ここに火山がある。関東平野の西側には浅間山や富士山がある。しかしテフラをともなわない状態で黒色土が生成されている場合もある。

黒色土と野火のつながりを示唆するもののひとつとして、細かい炭の粒子（微粒炭）の存在がある。この炭の粒子は、植物が燃えてできたものである。黒色土にはこの微粒炭が多くふくまれる。また黒色土は多くの場所で後氷期の始まり以降に生成されている。さらに、最終氷期以前の過去にくりかえされた間氷期の火山灰に、黒色土は見つかっていないという。これらのことから、黒色土の生成には縄文人などによる火の使用が強く関与したのではないかと指摘されている（くわしくは第二章）。関連する事実として、関東平野・八ヶ岳山麓・三瓶山麓・阿蘇─くじゅう地域など、黒色土の分布域には縄文遺跡の多い地域が目立つ。古代から近世に牧《まき》とよばれる放牧地のあった場所が、本州以南の黒色土の分布パターンとほぼ一致することも知られている。

しかし日本列島で人間が野火を頻繁に起こしたというこの考えには、縄文文化についてのこれまでの考古学的な通説に一見したところ少し合わないように思える点がある。縄文文化は森林に適応した文化と考えられてきた。けれども以下のように、縄文時代にも人間が周囲の環境に働きかけて植生を改変していたことを示す研究が近年は増えつつある。

微粒炭は、黒色土以外の堆積物にもふくまれることがある。その研究からも、約一万年前から日本列島で火事が多発していることがわかってきた。これらの火事はやはり人間活動に原因があるのではないかと考えられている。

たとえば琵琶湖の湖底堆積物の微粒炭の研究がある。過去一三万年にわたるその量的変化が調べられている。それによると微粒炭の量は約一万年前以降に急増している。過去一三万年には、前半の最終間氷期とそのあとの最終氷期・後氷期がふくまれる。人間活動が活発になったのは約一万年前以降の後氷期である。微粒炭はこの後氷期に大きく増加する。最終氷期の前の間氷期、つまり最終間氷期には、このような目立った増加がない。したがって単純に寒暖の変化だけが原因で火事の頻度が変化したとは考えにくい。しかし気候条件と人間活動のあいだには別の関連があるかもしれない。

琵琶湖の湖底堆積物で約一万年前以降のうちでも特に微粒炭が多かったのは、約一万年前から八〇〇〇年前までの時期であった。この時期はおおむね縄文時代の早期にあたる。一方、縄文時代で三内丸山《さんないまるやま》遺跡などの大規模な定住集落ができるのは、それよりあとの縄文前期から中期にかけてである。琵琶湖湖底堆積物で微粒炭が特に多いのはその前の時期にあたる。この時期には生活がまだ比較的遊動的で、狩猟や漁労に依存する割合が高かったといわれている。琵琶湖の周辺や丹波山地のいくつかの場所でも、この縄文時代の初期に火事が多発していたことが知られている。

他方で、微粒炭の増える時期が地域によって異なることも知られている。阿蘇の草原では一万年以上前から微粒炭が出る。しかしその量が特に多くなるのは約六〇〇〇年前の前後の時期からである。これに対し長野県北部の飯綱高原では、約三〇〇〇年前から微粒炭の量が増え始める。その量が最大になるのは約七〇〇年前の中世である。近畿地方でも、約三〇〇〇年前以降、各地で微粒炭の量が増える。その時期は場所によって異なる。これらの火災には植生の変化がともなっている。このような年代のちがいは、人間活動の活発化した時期が場所によって異なると考えれば説明できそうである。

しかし野火と人間活動の関連を考古学的に実証することはむずかしいようである。縄文人はまちがいなく火をつかい、土器を焼き、調理をおこなっていた。しかし当時の野火が意図的な火入れによって起きたのか、失火によるのか、その他の理由によるのかはわかっていない。

また仮にそれが意図的な火入れであったとして、その目的は何だったのだろうか。これにもいろいろな可能性がある。

ひとつの説明として、狩猟に適した植生の維持が考えられる。旧石器時代の終わり頃には、森林と草原の混交する植生のもとでシカやイノシシの狩猟がおこなわれていたらしい。後氷期には、気候が温暖化・湿潤化して植生の森林化がすすみやすくなった。シカは森林と草原の双方を利用する。餌場としては草原を好み、シカにとっての栄養効率もよい。森林はかくれがとして好む。火入れによって森林と草原の混交する植生を維持することは、当時の狩人たちにとって「賢い」知恵であったのかもしれない。つまりオーストラリアのアボリジニやアメリカ大陸の先住民と同じように、縄文人も火入れによって狩猟の対象となるシカが増えやすくなるように生態系を変えていたのかもしれない。気候が大きく変わった縄文の初期に火事が頻発することには、このような説明が考えられる。

火入れには、人間が利用する植物の生育環境を増やす効果もあったかもしれない。そうした火入れの主目的が、時代によって移り変わってきた可能性もある。考古学の最近の研究では、縄文時代の早期または前期から、ダイズやアズキなどの栽培化が始まったと考えられるようになっている。縄文前期から中期には定住集落が多くなる。三内丸山遺跡の周辺などではクリなどの半栽培の可能性も指摘されている。クリはブナにくらべて明るい環境を好む。クリの多い植生をつくるために火を入れたのかもしれない。さらに古墳時代以降には放牧に適した草原の維持がある。文化人類学の佐々木高明《こうめい》は、畑作と牧馬を交互におこなう農法が古代の東国にあったとしている。

阿蘇の植生史と人間活動の変化

このように野火・放牧・刈り取りがあったとして、それで後氷期約一万年の草原の維持と草原性生物の生き残りを説明できるのだろうか。これが次の問題である。具体的な地域の事例に即してこのことを考えてみよう。

阿蘇地域では、過去一万年以上にわたって草原がつづいてきた。最近の研究でそのことがわかってきた。阿蘇は火山である。この地域はヒゴタイ（図17）などの「温帯草甸要素」の植物が多く生育する貴重な場所として知られている。オオルリシジミ・ゴマシジミなどの草原性のチョウの希少種も生き残っている。一帯には黒色土が厚く分布する（図22、口絵⑳）。

図22　阿蘇外輪山東側の畑の黒色土。阿蘇地域一帯には黒色土が厚く分布する。外輪山の東側では1万年以上にわたって草原がつづいてきた。

最近この地域で過去の植生の変化がくわしく調べられている。考古学や歴史学のくわしい研究もなされている。先に述べた総合地球環境学研究所の五年間のプロジェクトの一部として、それらの成果がまとめられた。このなかから植生と人間活動の大きな変化をひろいあげてみよう。そこから見えてくるのは、人間活動が草原の維持に深くかかわってきた姿である。

阿蘇地域は大きく三つの要素に分けることができる。中央火口丘群、カルデラ内、外輪山《がいりんざん》である（図23）。中央火口丘群では今も活動がつづいている。そのまわりをカルデラが、そのさらに外側を外輪山がとりまいている。半自然草原は主に外輪山にあり、中央火口丘群の一部にもある。カルデラ内には水田や住宅地が広がっている。これが現在の姿である。しかし過去にはカルデラ内にも草原が広がっていた。

カルデラ内の堆積物の花粉分析から、最終氷期からの気候変化にともなう大きな植生変化の様子がわかる。約二万年前の最終氷期最盛期には、針葉樹と落葉広葉樹の混交林が一帯に広がっていた。その後、気候の温暖化にともなって針葉樹が減少し、落葉広葉樹林に変わった。約九〇〇〇年前からは常緑広葉樹が増えた。一方、ヨモギ属やイネ科などの草本類も、最終氷期から存在しつづけてきた。これらは明るい環境を好む植物である。

図23　阿蘇地域の地形と草原。手前が外輪山に残る半自然草原、その奥の水田の広がる一帯がカルデラ内、後方の山が中央火口丘群。過去にはカルデラ内にも草原が広がっていた。

外輪山では植物珪酸体の調査から、草本植生の変化が追跡されている。外輪山の南西山麓では、約三万年前からササ属の多い植生が広がっていた。これが約七三〇〇年前にネザサをふくむメダケ属の多い植生に変化した。ネザサは半自然草原に多い植物のひとつである。そしてこの頃、微粒炭が大きく増加する。つまり植生に火が入る頻度が高くなった。一方、外輪山の東側では約一万三〇〇〇年前までササ属が多く、それ以降ススキなどの植物珪酸体が多くなる。ササは森林の林床にも生えるが、ススキは開けた環境で育つ。したがってススキ草原が一万年以上にわたって存在したことになる。ここでは一万三〇〇〇年前から炭が出始め、約六〇〇〇年前頃から非常に多くなる。カルデラ内では約六〇〇〇年前から炭の量が急増する。このように植生変化や火災の頻度の変化には、場所によって微妙なちがいがある。

人間活動の痕跡も、阿蘇には最終氷期以来継続して残されている。旧石器時代の遺跡のほとんどは外輪山にある。カルデラ内には約八二〇〇年前まで湖があったとされている。縄文時代の遺跡も外輪山に多いが、カルデラ内にも進出の跡を見せる。標高の高い外輪山の上ではこの時期の定住を示す大規模遺跡が知られていない。そのため狩猟・採集などの活動の場であったとされている。狩猟の対象はシカとイノシシが中心であったらしい。一方、外輪山のふもとの標高の低いところには、定住の拠点となる集落があった。

弥生時代には、阿蘇―くじゅうの黒色土地帯に特有のタイプの鉄器を多量にもつ大規模遺跡が多く出現する。また古代には、この地域にウマの放牧地（二重牧《ふたえのまき》）があった。平安時代の『延喜式』にそのことが書かれている。

中世の阿蘇地域は、阿蘇神社の荘園としてその支配下に置かれた。当時「下野狩《しもののかり》」という狩猟神事が毎年おこなわれていた。阿蘇神社によるその神事では、早春の草原に火を放ち、騎手たちがシカやイノシシなどの獣を追って弓矢で狩った。この神事のあと、ウマが草原に放牧された。この神事は一六世紀までつづいた。

近世の阿蘇では、草原が地域の村々の入会地（共有地）としてつかわれた。牛馬の放牧がおこなわれ、採草地で刈った草が肥料や牛馬の餌として用いられた。草の利用権をめぐって村同士の争いが起こることもあった。このことは近世になって全国的に人口と耕地面積が増え、草の利用が増大したこと、それにともなって村同士での争いも多かったことと、軌を一にしている（第二章）。

二〇世紀の中葉以降、全国的な傾向と同じように、阿蘇地域でも半自然草原が減少した。しかし阿蘇では今でも採草などによる草の利用がつづいている。火入れ・放牧・刈り取りによる半自然草原の維持が、観光資源や希少生物の保全をも目的としておこなわれている。その結果、日本で最大規模の半自然草原がここには残されている。

このように阿蘇地域では、最終氷期から現在まで草原植生がつづいてきた。また野火が頻繁に継続して起こってきた。さらにこの期間を通じて人間活動もつづいてきた。草原の利用の仕方は時代によって変わった。火入れがなされた記録があり、狩猟・放牧・採草がおこなわれてきた。「温帯草甸要素」の植物やオオルリシジミなどの草原性チョウ類が生き残ってきたのは、それらの結果と理解することができる。

「東国」の草原と人間活動の歴史

次に「東国」の草原に目をむけよう。関東平野と、信濃国（長野県）・甲斐国《かいのくに》（山梨県）あたりの中央高地を、ここでは念頭に置く。この一帯には黒色土が広がっているところが多い。また縄文遺跡が多く、古代以降はウマの放牧地が多かった。そして長野県や山梨県には、草原性の絶滅危惧種が比較的多く残っている。

関東平野の大部分は現在、市街地や住宅地、農耕地になっている。長野県でも黒色土の分布域の多くが今ではカラマツの植林地や畑・水田などになっている。まとまった半自然草原があるのは霧ヶ峰・菅平など比較的標高の高い場所に限られている。しかし黒色土の存在は、これらの地域にかつて長期間にわたり広大な草原があった可能性を示している。序章で述べたように、国木田独歩《どっぽ》の『武蔵野』や堀辰雄の『風立ちぬ』などにもその片鱗が描かれていた。

縄文時代のなかで中期は人口が最も多かったとされる時代である。その縄文中期の遺跡は全国でも関東と中央高地に特に多く、ここが人口の密集する地域であった。縄文の前期から中期は世界的な温暖期（縄文海進期）で、関東平野でも海が内陸深くに入り込んだ。そのため当時海岸に近かった丘陵地・台地に貝塚などの遺跡が集中する。そしてこの丘陵地・台地の上に黒色土が分布する。冬の乾燥の影響を受ける環境と黒色土の存在。これらをふまえて中静透は、関東平野の丘陵地では古くから植生が火事の影響を受けてきたのではないかとしている。中央高地では八ヶ岳山麓、上信高原（浅間山系）の山麓、安曇野の扇状地、伊那谷《いなだに》などに縄文遺跡が多い。これらの場所にも黒色土が広く分布する。片倉正行らは、諏訪湖の南側の山地で一万年以上前から黒色土の生成が始まった地点のあることをあきらかにした。霧ヶ峰では、遅くとも約五八〇〇年前頃から黒色土の形成が始まっている。また霧ヶ峰の北、和田峠に近い広原湿原の周辺では、黒色土の形成が縄文早期に始まったと推定されている（第二章）。この広原湿原の周辺では、旧石器時代から縄文時代にかけての考古遺物が発掘されている。これらはすべて人間活動と野火との関係を示唆している。

日本列島では五世紀以降の古墳から馬具などが多く見つかる。この頃、中央高地など東日本の各地でウマの殉葬がおこなわれた。長野県・群馬県・栃木県には、馬具の出土した古墳の数が全国的に見ても特に多い。ウマの飼育や須恵器《すえき》生産、高度な鉄器製作などの技術がこの時代、朝鮮半島からの渡来人によってもたらされたとされている。朝鮮半島ではこの頃、高句麗《こうくり》・新羅《しらぎ》・百済《くだら》・伽耶《かや》諸国などが互いに争っていた。倭国《わこく》の大王や各地の豪族と朝鮮半島の諸国とのあいだにも、同盟・敵対などの関係があった。高句麗はツングース系の農牧文化をもったひとびとであったとされている。騎馬軍団をもつ高句麗が南下すると百済や伽耶諸国には大きな脅威となった。これらの国々は倭国との関係が深かった。そこで高句麗に軍事的に対抗する必要から、倭国は百済や伽耶から騎馬の技術を積極的にもちこんだ。そして九州や東国に牧（放牧地）を設置し、馬具の生産を始めた。考古学者の白石太一郎はこのようにまとめている。

一方、日本の人類学の草分けとされる鳥居龍蔵は、高句麗系の騎馬の文化がこの時代の関東に根を下ろし、武蔵野の草原的景観の始まりを開いたとした。考古学の森浩一および文化人類学の佐々木高明は、ウマを飼育するこのような文化が日本海を直接わたって北陸方面に入り、東国にもたらされた可能性をそれぞれ示唆している。

文化人類学の大林太良《たりょう》は、日本の「生態的な文化複合」を整理するなかで鳥居の議論を参照し、「山麓の畑作馬匹《ばひつ》飼育文化複合」とよぶべき類型があることを指摘した。関東の西部から信濃国・甲斐国にかけての山地の山麓にこの生活文化は分布したとされている。また『万葉集』の東歌で「馬が麦や粟《あわ》を食べることが歌われている」ことがこれに関連づけられて説明されている。佐々木高明は、ツングース系のナラ林文化から高句麗などの農牧文化が生まれ、それが古墳時代の東国に入ったとしている。日本の半自然草原に現在残る植物のなかには、もしかしたらウマの飼育とともにこの時代にもちこまれたものがあるかもしれない。

ウマはかつて軍事だけでなく、通信をもふくめた統治の手段としても重要であった。律令時代の街道の整備には、ウマによる情報通信網の整備がかかわっていた。森浩一は『日本の深層文化』（二〇〇九年）で、次のように東山道と「野」のむすびつきを指摘する。

> 東山道には美野（御野とも書く。美濃）、科野（信濃）、上野、下野と野のつく国名が四つもある。東山道は別のいい方をすれば東野道ともいえる地域である。

美野は岐阜県南部、科野は長野県、上野は群馬県、下野は栃木県である。この指摘を土壌分布図に重ね合わせてみると、この東山道沿いの地域には黒色土が分布する（口絵㉑）。

一〇世紀初頭の『延喜式』には、各地の牧（放牧地）の存在が示されている。土壌学の渡邊眞紀子は、これらの牧の分布が黒色土の分布に重なることを示した。このうち「勅旨牧」（朝廷に貢馬するための官牧）は信濃国に一六、上野国に九、武蔵国に四、甲斐国に三の計三二カ所があった。主に軍用の牛馬を飼った「諸国牧」は関東と九州に多かった。

信濃国で勅旨牧のあったとされる場所を見ると、ほとんどが扇状地・河川敷か火山麓に位置している。自然の攪乱で草甸的な環境が生じやすかったと考えられる場所である。また黒色土とも分布が重なっている場合が多い。たとえば浅間山系の山麓には、長倉牧《ながくらのまき》・塩野牧《しおののまき》・新治牧《みはりのまき》があった。軽井沢町の長倉をはじめとして、これらは現在の地名にも残っている。五世紀頃のウマの殉葬の発見例はいずれも『延喜式』の牧の近くにあるという。勅旨牧は東山道などの街道沿いに置かれていた。

古代の牧は、中世以降にも引き継がれて利用された場合が多かったと考えられる。鎌倉時代の『吾妻鏡』には信濃国の二八の牧があげられている。そのうちの一三は『延喜式』の牧と重なっている。浅間連山のふもとでは、塩野牧と新治牧のあいだに菱野牧《ひしののまき》が『吾妻鏡』で現れる。鳥居龍蔵は、武蔵野に根を下ろした高句麗系の騎馬文化が武士の勃興につながったと論じた。歴史学の網野善彦《あみのよしひこ》は、牧の多くあった東日本から平安時代の「僦馬《しゅうば》の党」のような群盗が生まれ、それが源氏を筆頭とする中世東国の「弓射騎兵型武者」につながったとした。佐々木高明は、ツングース系の農牧文化が古墳時代の東国に入って独特の畑作文化の伝統を生み、そこから僦馬の党や騎馬型武士団が形成されたとする。平安から鎌倉にかけて、八ヶ岳山麓や霧ヶ峰では諏訪神社による狩猟神事がさかんにおこなわれた。信濃・甲斐・関東諸国の武士たちがこれに参加した。戦国時代にも軍馬の役割は重要であった。このような騎乗する武士たちが封建制を築いたことは、梅棹忠夫の「文明の生態史観」とユーラシア・日本の草原とのかかわりに関連してすでに指摘したとおりである。

昭和の初期まで長野県の役畜《えきちく》のほとんどはウマであったとされている。御岳・八ヶ岳・浅間山系の山麓には二〇世紀中葉まで広い放牧地が存在した。以上のような歴史は、半自然草原が長く維持される結果をもたらしたと考えられる。

半自然草原の歴史と草原性チョウ類の分布

このような「東国」の草原における人間活動の歴史は、現在の草原性生物の分布にも痕跡をとどめているのであろうか。このことを信州の草原性チョウ類の分布で確かめてみよう。

草原性のチョウといっても、広域に分布する普通種と古い半自然草原や高山など限られた場所にしかいない希少種とがあり、区別して考える必要がある。イチモンジセセリは前者の例である。長距離を移動し、イネの害虫にもなる。夏には高山にもいる。このような広域分布型のチョウとして、ほかにもたとえばモンシロチョウやキアゲハなどがいる。これらはいろいろな植物を餌として食べる。イチモンジセセリの幼虫はイネ科やカヤツリグサ科を食べる。モンシロチョウの幼虫はアブラナ科を食べ、キャベツやダイコンの害虫にもなる。キアゲハの幼虫はセリ科を餌とし、畑のパセリやニンジンも食べる。このようなチョウは古くからの半自然草原に限らず、いろいろな環境に進出している。

これに対しオオルリシジミ（図1）は後者の例である。阿蘇と信州のごく限られた半自然草原にしかいない。九州と本州で別の亜種になっている。幼虫はマメ科のクララしか食べない。ミヤマシロチョウ（図24）もこのタイプである。チョウにくわしい読者なら、ここでミヤマシロチョウが出てくることに、少し奇妙な感じをおぼえられるかもしれない。ミヤマシロチョウはどちらかといえば森林性のチョウとされる。中部地方の亜高山帯に生息する。その幼虫はメギ科のヒロハノヘビノボラズとメギを食べる。それらは低木であるとはいえ、樹木である。しかしこれから説明するように、その分布の仕方はオオルリシジミと似て、歴史的に人間活動の影響を受けてきた可能性がある。オオルリシジミは半自然草原、ミヤマシロチョウはそれに近い疎林状の場所にすむ。どちらも絶滅危惧種である。このようなタイプの種が生き残ることができたのは、攪乱によって草原

図24　ミヤマシロチョウ（シロチョウ科）。本州中部の亜高山帯に分布する。幼虫は低木のヒロハノヘビノボラズとメギ（ともにメギ科）を食樹とする。山の崩壊斜面などの疎林状の場所に生息し、かつては放牧地でも見られた。国のレッドリストで絶滅危惧IB類。

的・疎林的な環境が比較的広い面積で長く保たれてきた場所ではないかと考えられる。開放的な環境が広くあれば、幼虫が限られた植物しか食べない種でも、その生育環境がどこかに残りやすいであろう。

このことがチョウの実際の分布に影響を残しているかどうかを、長野県で絶滅のおそれのランクの高いチョウについて統計的に調べてみた。これらのチョウの種の多くは、半自然草原かそれに近い湿性草原・疎林などの環境を生息場所とするものである。長野県のレッドデータブック（二〇〇四）でこのタイプのチョウは、絶滅危惧ⅠA類で三種すべて（ツマグロキチョウ・オオウラギンヒョウモン・ヒョウモンモドキ）、絶滅危惧ⅠB類で七種のうち六種（チャマダラセセリ・ホシチャバネセセリ・ミヤマシロチョウ・クロシジミ・オオルリシジミ・ヒメヒカゲ）を占める。絶滅危惧ⅠB類でこのタイプにふくまれない唯一の例外は、高山のハイマツ帯にしかいないタカネヒカゲ（八ヶ岳亜種）である。なお、長野県のチョウで正式に絶滅と判定されているものはまだない（その後、長野県では二〇一五年にレッドリスト動物編を改訂した。その結果、いくつかのチョウでランクの移動や入れ替わりが生じたが、全般的な傾向は変わっていない）。

この分析では、これら上位一〇種のチョウについて過去の分布記録と古い草原の分布とのあいだに関連があるかどうかを統計的に調べた。チョウの分布データとしては一九一〇〜九八年の記録を用いた。古い草原の分布データとしては黒色土の分布を用いた。そして長野県を約一〇㎞四方の一七五の区画に分け、それぞれの区画にチョウの記録があるかどうかが、その区画内の黒色土の広さに影響されるかどうかを調べた。コンピュータによる統計的な計算でこれらをおこなった。計算につかった統計的な方法は、ロジスティック回帰分析とよばれるものである。

この計算の結果、とりあげた一〇種のうち七種のチョウで記録の有無が黒色土の広さに影響されていることがわかった。ツマグロキチョウ・ヒョウモンモドキ・チャマダラセセリ・ホシチャバネセセリ・ミヤマシロチョウ・オオルリシジミ・ヒメヒカゲである。オオウラギンヒョウモン・クロシジミ・タカネヒカゲ（八ヶ岳亜種）では、統計上その影響を確認できなかった。タカネヒカゲはハイマツ帯にしかいないから別であるとすると、絶滅のおそれの高い九種のうち七種というかなり高い割合で黒色土の影響が確認されたことになる。

この結果は、古い時代からの人間の草原的な土地利用がこれらのチョウの生き残りを助けてきたという考えを支持している。しかし長野県の黒色土の分布域の多くが今ではカラマツの植林地・水田・畑などに変わっている。このような土地利用変化が、これらのチョウの近年の減少に深く関係していると考えられる。同じような傾向は、チョウだけでなく草原性のマルハナバチであるホンシュウハイイロマルハナバチ・ウスリーマルハナバチ（図20）・クロマルハナバチでも見られる。

このチョウと黒色土の歴史を、具体的な場所と種に即してたどってみよう。

安曇野では、絶滅寸前となったオオルリシジミ（図1）を復活させる活動が現在おこなわれている。北アルプスや中信《ちゅうしん》高原から流れる河川が、安曇野では多くの扇状地をつくっている。つまり安曇野はもともと自然の攪乱で草甸的な環境が生じやすいところと考えられる。それらの扇状地には黒色土が分布する。縄文以来の遺跡も多い。『延喜式』に記載のある勅旨牧《ちょくしまき》（猪鹿牧《いがのまき》・埴原牧《はいばらまき》・大野牧）も、この安曇野にあったとされる。つまりひとの手で半自然草原が維持されてきた歴史が長いと考えられる。江戸時代には扇状地に横堰《よこせぎ》（ほぼ等高線に沿って走る用水路）がつくられた。それによって水田開発が大きくすすんだ。チョウ類研究者の浜栄一は、一九六〇年代にこれらの横堰の周辺にオオルリシジミの生息地があったとしている。それらの生息地の大部分はすでに消えた。しかしオオルリシジミが安曇野で生きのびてきた歴史は、このように理解することができる。

一方、ミヤマシロチョウ（図24）は標高千数百mから二〇〇〇m程度の明るい環境に生息する。幼虫の餌となるヒロハノヘビノボラズやメギが疎林状に生える場所がその環境である。自然の生息地は山の崩壊斜面にある。しかし浅間山系・八ヶ岳山麓・美ヶ原《うつくしがはら》山麓の放牧地でもかつては見られた。浅間山系では一九七〇年代にいくつかの生息地があった。その一帯には黒色土が広がっている。縄文遺跡がその山麓にはあり、やはり黒色土地帯にふくまれる。古代にはここに新治牧が信濃側の山麓から峠を越えて上野側にまで広がっていたとされる。放牧が近年おこなわれなくなってミヤマシロチョウも衰退した。このようにミヤマシロチョウでも草原的環境を利用する人間活動とむすびついて生きのびてきた歴史をたどることができる。同じ浅間山系の東方のふもとに軽井沢がある。軽井沢でも、一九七〇年代までミヤマシロチョウが記録された例があり、同じ時期までオオルリシジミもいた。序章でも述べたように、軽井沢にも黒色土があり、かつてはここに長倉牧があった。

天竜川が刻んだ伊那谷の段丘にも、黒色土が分布する。伊那谷にも多くの縄文遺跡がある。馬具をともなう古墳時代の遺跡も多い。ここは古代東山道の通り道にあたっていた。近世には中馬《ちゅうま》とよばれる運送のしくみが発達し、塩などをウマで運んだ。伊那谷の段丘上には今でもところどころに採草地が残り、牧草のサイレージが見られる。一九七〇年代まで、この伊那谷にもオオルリシジミがいた。コマツナギ（駒繋ぎ）とよばれるマメ科の植物が今でもところどころで見られる。これはミヤマシジミ（環境省絶滅危惧ⅠB類・長野県絶滅危惧Ⅱ類）の食草である。ミヤマシジミの幼虫はコマツナギしか食べない。伊那谷にはミヤマシジミが今もいる。その保護活動がおこなわれている。

以上のように、信州では火山の山麓、扇状地、段丘上などに黒色土が分布する。そのような場所には縄文遺跡が多く分布し、古墳時代以来のウマの放牧地とされるところも多い。これらの場所では火の使用をともなう人間活動によって草原が長く維持されてきたと考えられる。近代になっても長野県には採草地や放牧地などの半自然草原が多かった。絶滅のおそれのある草原性チョウ類や草原性のマルハナバチの分布記録は、黒色土が広くある地域にみいだされる傾向がある。このことから、ひとの手で長期にわたって草原が維持されてきた場所は氷期に移入した草原性のチョウやマルハナバチの希少種にとって貴重なレフュジア（逃避地）となってきたことがわかる。しかし上で見てきた現状からは、そうした草原の多くがすでに失われわずかな断片としてのみ残っていることもうかがえる。

「東国」のほかの地方の例として各県のレッドデータブックを見ると、やはり草原性のチョウ類が高いランクに記載されている例が多いことがわかる。ここでは絶滅種だけを示すと、ホシチャバネセセリ・アカセセリ・ヒメシロチョウ・クロシジミ・ヒメシジミ・アサマシジミ・コヒョウモンモドキ・オオウラギンヒョウモンなどが複数の都県であがっている。このような草原性のチョウ類の生息できる環境が、かつては関東にもあったことがわかる。博物館の収蔵庫に眠る標本や文献に記された過去の記録が、そうした歴史を物語ってくれる。

標本に残るDNAの情報からも、草原植生の変化の歴史をひもとくことができる。中濵直之らは、コヒョウモンモドキのDNAの分析から、縄文時代から現在までの個体数の増減の歴史を明らかにした。コヒョウモンモドキはオオバコ科のクガイソウを食草とし、中部地方から関東地方にかけての半自然草原に生息するチョウである。近年、生息地の多くが縮小・分断化・消滅し、またシカによる食害で植生が変化したことにより、個体数が大きく減少したと考えられている。こうしたことから国の絶滅危惧IB類に指定されている。

中濵らの分析によると、コヒョウモンモドキは約七万年前（一五万〜二万年前）に日本列島とロシアの個体群が分かれ、六〇〇〇〜三〇〇〇年前に日本列島の個体数が大きく増加し、過去三〇年にその個体数と遺伝的多様性が大きく減少したという。この結果は、これまで述べてきた日本列島の草原の歴史をくっきりと裏づけている。日本列島とロシアの個体群が分かれたとされる時期は、年代推定に幅があるとはいえ、おおむね最終氷期に相当する。個体数が大きく増えたのは、火入れによって半自然草原が拡大した縄文時代にあたる。過去三〇年の個体数と遺伝的多様性の減少は、近年の半自然草原の縮小や分断化を反映している。このような研究は、日本列島の草原の歴史やその生態系の成り立ちを、今後さらにくわしく解明することにも役立つであろう。

半自然草原の歴史と保全——生物文化多様性を考える

黒色土は日本の国土の約一七％を占めている。現在一％程度しか草原がないのにくらべると、広大な面積である。しかしこのめぐまれた島々がすべて長期間にわたって草原になってしまうことはなかった。黒色土が分布する地域は限られている。

これは火山の周辺や氾濫原・扇状地など、自然の力で一度草原となったところを人間がくりかえし草原として利用したからではないだろうか。このことは、日本列島の後氷期が温暖・湿潤で森林が発達しやすい気候にめぐまれたことによってむしろうまく説明できる。自然を改変する力が大きくなかった時代には、そのつど森林を開いて草原を新たにつくり出すよりも、一度できた草原をくりかえし草原としてつかうことが多かったのであろう。草原を利用する目的は時代によって変わった。しかしくりかえし同じ場所をつかったのであろう。その方が簡単だったからである。それが「草甸」由来の生物の「ほとんど動かない歴史」をつくり出した。このようにして阿蘇の外輪山、浅間山麓、安曇野の扇状地、そして各地の氾濫原につくられた田んぼの畦やそのまわりの草地などに、草甸の生物が生き残ってきた。

人間の生業にむすびついてつくられ、維持されてきた二次的自然のまとまりを広い意味での里山とよぶなら、里山にはいくつかの異なる速さの時間が共存している。半自然草原や田んぼの畦の植物は、そのなかでも氷期という古い時間の層を伝えている。そのかたわらの水田に生える稲の文化は、縄文時代の終わりか弥生時代のはじめに人間の手で温暖・湿潤な中国大陸の南部から伝えられたものである。水田やそこに水をひく小川にはホタルがすむ。このホタル自体は日本列島に古くからいる。しかしそれが日本の文芸に広く現れるようになったのは、歴史学の飯沼賢司によると、平安中期の『古今和歌集』や『源氏物語』の時代以降のことだという。飯沼はこのことを、水田を介した里山的環境の整備の進行にむすびつけて論じている。

その後も里山の姿は時代とともに変わった。江戸時代には、山野の草や若葉を肥料とする農法が全盛期をむかえた。大量の草や柴を刈り取ったため、地域によっては村落周辺の山の五割から七割が草山や柴山であったと考えられるという。しかし一八世紀頃になると新田開発が採草地をも浸食するようになった。さらに一部の草山ははげ山化して土砂災害を生むようになった。草や柴の肥料が不足した結果、金肥（購入肥料）にたよるようになった。しかし山間部などでは採草地の利用がつづいた。

江戸時代の近畿地方では農村部にも市場経済の影響が深く浸透していた。そのため里山で育成され利用される樹種の選択も、市場の動向と深くむすびついていたという。信州でも、江戸時代にはカイコの餌となるクワの木が里山に植えられることが多くなり、近代製糸業の発展期にはクワ畑が大きく広がった。黒色土の広がる土地にカラマツの植林が増えたのは、戦後、草地がほとんど利用されなくなったあとのことである。

しかし田んぼの畦や明るい草地にクララやツルフジバカマ、ワレモコウの花があれば、それはおそらく氷期に草甸とともにやってきて、歴史時代にはほとんどつねにひとのそばにあったものだろう。実際にオオルリシジミの食草であるクララは、薬草として利用されてきた植物である。フェルナン・ブローデルは、薪《たきぎ》を満載した大きな船が港に入ってくるのを見たとき、僕たちは今一六世紀にいるんだよ、と妻に言ったという。わたしたちはワレモコウ（図16）を見るとき、縄文時代の草甸のことを思わなければならないのかもしれない。縄文時代の草甸でもクララにはオオルリシジミ（図1）が、ツルフジバカマにはヒメシロチョウが、ワレモコウにはゴマシジミが卵をうんでいたことだろう。

しかしそれが残っているのは多くの場合、ひとが意図した結果というより、さまざまな偶然に助けられたものと考えるべきであろう。中世の阿蘇の大宮司《だいぐうじ》が下野狩を執りおこない、草原に火が入れられたとき、オオルリシジミ（九州亜種）の保護を目的としていたとは思えない。同様に、浅間山麓に長倉牧が開かれたときも、その目的はオオルリシジミ（本州亜種）の保護とは別のところにあったであろう。

「生物文化多様性」ということばがある。生物多様性の保全は世界的な課題になっている。生物多様性をかたちづくる生態系や種や遺伝子などの要素は、歴史的に地球上のさまざまな文化と深くかかわってきた。そこには地域の生物資源とそれをうまく利用する伝統知識とのむすびつきがある。生物多様性の喪失は、このような伝統文化の喪失でもある。これらをどのように守り、未来の世代に伝えていくかが問われている。このように、文化の側からも生物多様性について考えることが必要である。これは重要なことである。この章で『万葉集』などの文学にもふれてきたのはそのためでもある。野の花は和歌に詠まれただけでなく、生け花や盆行事にももちいられてきた。浮世絵に描かれた例もある。歌川広重『冨士三十六景』の「甲斐大月の原」には、ススキ・オミナエシ・キキョウなどと思われる花々の咲く

図25　歌川広重作『冨士三十六景』から「甲斐大月の原」（国立国会図書館デジタルコレクションより）

草原が描かれている（図25）。

　ところが日本列島の半自然草原の歴史は、ひとと生物多様性とのかかわりについて、別の思いがけないことをも教えてくれる。自然の側が人間からの働きかけに反応し、氷期の草甸という「ほとんど動かない歴史」をそこに維持した。人間はそのことを必ずしも十分に理解せず、意図してもいなかったであろう。けれども人間の営みがなければこのような歴史もなかった。このことは人間の歴史に対する視野を自然の側から広げてくれる。「生物文化多様性」ということばには、このような側面もあるのだといえるかもしれない。

　半自然草原とその生きものを具体的にどのように保全するかをくわしく論ずるには、別の本が一冊必要かもしれない。そのような実践はすでに多くあり、関連する研究も少なくない。本書の第三章にも、多くの事実と有益なヒントが書かれている。ここでは関連する事実のごく一部をあげて、歴史とのかかわりを考えるにとどめよう。

ひとことで半自然草原といっても、火入れ・草刈り・放牧という管理の仕方やその頻度、立地条件のちがいによって、生えてくる植物の種類や全体の草丈などがちがってくる(第三章)。またそうした管理の仕方によってたとえばチョウの受ける影響もちがってくる。

たとえばオオルリシジミ(図1)はさなぎが土のなかで越冬する。野焼きは春先におこなわれることが多い。野焼きの火が強くなりすぎることがなければオオルリシジミは土のなかで生きのびることができる。そのさなぎが成虫となり、初夏にすらりとのびたクララのつぼみに卵をうむ。江田慧子・中村寛志らの研究によると、野焼きをした場所では寄生蜂が少なくなるので、卵が育つチャンスが多くなる。しかし草刈りをせず枯れ草がそのまま残った状態で野焼きだけをしたような場合には、火が強くなりすぎて一部のさなぎが焼け死ぬこともあるようである。草刈りがなされている場所では、野焼きをしてもそれほど火が強くはならない。

これに対し、チャマダラセセリ(図2)のさなぎは、土にもぐらず枯葉のなかなどで越冬する。火がそこを通ればおそらく焼け死んでしまうであろう。ところが火入れと草刈りのサイクルを二年おきにおこなっている場所がある。そうした場所ではチャマダラセセリが生き残っている。さなぎが生きのびるのは、その年に火入れのなされなかった区域と考えられている。そして成虫が羽化すると、火入れによりシバ状の草地の再生した場所にやってきて卵をうむ。チャマダラセセリが卵をうむのは、草丈が低く地面すれすれの高さに花をつけるミツバツチグリ(図26)やキジムシロである。つまり火入れ・草刈

図26　ミツバツチグリ（バラ科）。草丈の低い明るい草地に生える。春先に火入れがなされたあとすぐ花をつける。草原性の絶滅危惧種であるチャマダラセセリ（セセリチョウ科）の食草となる。

り・放牧などで頻繁に草丈のおさえられる環境が、チャマダラセセリの産卵場所となる。

古い時代には、火入れなどの草地の管理が今よりも粗放なかたちでおこなわれていたのかもしれない。場所によって火が十分に入らずに燃え残るところなどがあり、それが結果としてチョウのさなぎの生き残りにつながってきた可能性も考えられる。もっと新しい時代になってからは、頻繁に草刈りがおこなわれた場所も多かったであろう。地域のなかの集落や土地所有者による草地の管理の仕方のばらつきが、結果的に粗放な管理と似た効果をもたらしてきた場合もあったのかもしれない。

低頻度での火入れと草刈りを組み合わせた伝統的な草地の管理が、植物や昆虫の多様性を高く維持してきた例のあることがわかっている。開田高原（図10）は木曽馬の産地として知られている。この開田高原で永田優子らは、伝統的な管理の維持されている草地と、管理の仕方が変わった草地、管理が放棄された草地で、植物の多様性を比較した。伝統的な管理では、火入れと草刈りが二年に一度の頻度でおこなわれる。管理の仕方が変わった草地には、毎年火入れのみがおこなわれている草地、毎年草刈りのみがおこなわれている草地などがある。管理放棄された場所では、森林にむかう植生の遷移がすすんでいる。

調査の結果、植物の多様性は伝統的な管理の維持されている草地で最も高く、これは希少種のみに注目した結果でも同じであった。草丈を測定すると、伝統的な管理の場合は、他の管理の場合にくらべてその中間程度の高さであった。草刈りのみの草地では草丈がより低くなり、火入れのみの草地では草丈がより高くなる傾向があった。管理放棄された場所では、植生の丈がさらに高くなった。調査地全体を通して、希少種が最も多くなるのは夏の平均草丈が約八五センチメートルの環境であり、伝統的な管理がなされている場所ではその多くがこれに近い草丈であった。つまり伝統的な管理のつくり出す環境が最も多くの植物種の生育に適しており、それによって希少種の生育環境も保たれてきたことがわかる。

また内田圭らは、これらの異なった管理のなされている草地でチョウ類などの昆虫の多様性を比較した。その結果、これらの昆虫の多様性も伝統的な管理のなされている草地で最も高かった。また植物の多様性が高い場所ほど、これらの昆虫の多様性も高い傾向がみられた。これらの結果をふまえて、永田らと内田らは、草原性の植物や昆虫の多様性を維持するためには、伝統的な草地の管理を継続あるいは再導入しなければならないとしている。

しかし過去数十年の半自然草原の減少は、生活のなかで草や草地を利用すること自体が少なくなったことに根本の原因がある。草刈りは体力的にもきつい仕事である。また現在の土地利用のもとで山火事などを起こさずに野焼きを安全におこなうには、経験を積んだひとびとの連携した動きが必要である。これらは従来、農家や消防団などの地域のひとびとの手にゆだねられてきた。しかし過疎化と高齢化がすすむ農山村では、そうした営みをつづけることが次第にむずかしくなってきた。そこで市民ボランティアがそのような活動に参加する動きがある。阿蘇では、火入れや防火帯づくりの草刈りにボランティアが参加している。また刈った草を肥料に作物を育て、それに特別なシールを貼ってブランド化して販売し、積極的に利用しようという活動もある。秋吉台でも、防火帯づくりや草原再生のための草刈り、刈った草を堆肥にした野菜づくりなどが市民参加でおこなわれている。ヨーロッパには農業を粗放化して農地を草地にもどし、維持する取り組みに対して直接支払いがなされている例がある。このように半自然草原を維持する活動をそのコストや負担もふくめて社会で支えていく取り組みが、今はおそらく必要である。

　こうした社会的な下支えの国際的取り組みのひとつに、国連食糧農業機関（FAO）による世界農業遺産（GIAHS）の認定がある。これは伝統的で持続可能な農林水産業の営みとその土地利用、知識や技術、文化とそれをとりまく生物多様性を保全するため、世界的に重要な地域を認定するものである。日本にいくつかあるその登録地のなかに、草地が重要な要素となっている場所が二カ所ある。「静岡の茶草場《ちゃぐさば》農法」、そして「阿蘇の草原の維持と持続的農業」である。いずれも二〇一三年に登録された。「静岡の茶草場農法」は、茶畑のまわりの茶草場とよばれる採草地で刈り取った草を、刈敷（肥料）として茶畑に敷く伝統農法である。これにより茶の味がよくなるとされており、茶草場には秋の七草をはじめとした多様な草原性の植物が生育している。「阿蘇の草原の維持と持続的農業」では、これまで何度かふれてきたとおり、火入れ・放牧・草刈りによって広大な草原と多様な生物が維持されており、これとむすびついた農作物や「あか牛」とよばれる和牛などの生産がおこなわれている。このような伝統農法やそれとむすびついた草地の管理を、今後より多くの場所で、より多様な主体が再評価していく取り組みが求められている。

こうした活動が、今後さらに大きな広がりと認知を社会のなかで得るためには、半自然草原の価値に気づくひとびとが増えることも必要であろう。それには半自然草原と人間が織りなしてきた歴史が広く知られることが役に立つと思われる。半自然草原は、美しいだけでなく氷期からの人間と自然のかかわりが積み重なっている場所である。そのかかわりは時代によって移り変わってきた。しかしそれらはつねに人間のそばにあった。伝統文化とのかかわりも深い。多くの偶然に助けられて、それは今も残っている。またそれは氷期以来の非常に長い歴史を教えてくれる。

このような歴史は、これからの地域づくりのための資源としても役立てられるはずである。草地の利用の衰退と管理の放棄は、日本社会の近代化・都市化・工業化と並行して生じた。日本社会は二〇世紀末葉に低成長の時代に入り、二一世紀になって人口減少の時代をむかえた。農山村での人口の高齢化と減少が、草地の管理をさらにむずかしくしている側面もある。他方でこの趨勢を受けとめ、さまざまな創意工夫で地域おこしに取り組む事例も増えている。都市部からの移住者の加入で活気をとりもどしている地域もある。そうした地域づくりの取り組みのなかに、草原や野の花の再生を加えることはできないだろうか。

二〇世紀の経済成長期には、原生的な自然を開発から保護することが自然環境保全の主要な課題であった。これからの時代には、地域の自然と新たなかたちでつながり直すこともまた、重要な課題となるはずである。半自然草原を保全・再生しようという活動はすでに全国各地でおこなわれている。そのための火入れや草刈りに、地域住民だけでなく地域の外からも市民が参加する例が少なくない。草原を生態系として守ろうという活動だけではない。在来馬の保存と草地の保全・利用をむすびつける活動もある。カヤぶき建築とその技術とともに、カヤ場としての草地を守ろうという取り組みもある。また草原の景観をエコツーリズムなどの観光に活用している地域もある。一方、森林総合研究所は、植栽後まもない幼齢人工林で草原性の植物やハナバチ、鳥類の種数が多くなることを明らかにしており、草地そのものの維持管理ではなく、木材生産のための森林伐採もまた新たな草原的環境の創出をもたらし、それが生物多様性を守ることにもつながるという考え方を提案している。これらはいずれも、地域づくりと自然環境の保全がまじわるところに浮かびあがる取り組みである。

このような地域づくりの取り組みでは、産業や文化のさまざまな要素を、それぞれの地域にふさわしいかたちでうまく組み合わせなくてはならない。それは、地域の自然と人とのつながりをいかにデザインするか、という課題だともいえる。デザインとは一般的に、利用者の体験の質を高めるためにモノやコトの姿を整えることである。自然とのつながりをデザインするとは、その地域に住むひとびとやそこを訪問するひとびとにとって、生きることの質を高めることでなくてはならない。かつてヒューブナーが駕籠に乗って「地面すれすれに」飛びながら見た草原や野の花や虫たちを、「人々がながめ、愛することができるような」かたちでそこに存在させつづけるために、どんなことができるだろうか。

今後、半自然草原は、環境保全のこのほかの側面からも注目を集める可能性がある。木や草は光合成により大気中の二酸化炭素をとり込んで植物体内に蓄える。植物が枯れて分解されるとき、その炭素の一部は土壌に移行する。土壌は二酸化炭素の吸収源に位置づけられており、炭素の巨大な蓄積場所であるとされる。なかでも黒色土には草本植生から供給された多量の腐植が集積されているため、特に炭素の蓄積量が多いことが知られている。また黒色土には多量の炭がふくまれていること、さらにはこうした炭が腐植の生成にも大きく寄与していることが近年指摘されている。明るい光のもとで毎年さかんに光合成をして育った草からは多量の腐植が土壌にもたらされる。そして草原を維持するために定期的におこなわれる野焼きによって草が燃やされて炭となり、土壌に蓄積していく。このプロセスがくりかえされてきた場所だからであろう。森林総合研究所がまとめた研究によると、黒色土の単位面積あたりの炭素蓄積量は、日本のさまざまなタイプの森林土壌のなかでも特に高い。しかし植物の燃焼で生じる「すす」は、大気中でこれを一時的に加熱する効果をもつとされる（第二章）。他方で、ススキはバイオマス燃料の原材料として有望な性質をもつともいう。石油にたよる経済をいつまでもつづけることができるわけではないから、このような生物資源の新たな利用も今後大きな課題になるかもしれない。さらに、半自然草原は希少生物の宝庫でもある。

これらのことを、いくつもの速さで流れる、巨大な歴史の時間のなかに位置づけ、未来に伝えるかたちにすることが求められている。

第二章　草原とひとびとの営みの歴史

――堆積物と史料からひもとかれる「眺めのよかった」日本列島

岡本　透

日本は緑豊かな「森の国」であると考える人が一般的ではないだろうか。二〇一〇年に発表された世界農林業センサスを見てみると、日本の森林の面積は国土の半分以上である約六五%を占めている。これに対して、森林以外の草生地（野草地）は約三八万haとなっていて、国土面積のわずかに一%あまりを占めるに過ぎない。確かに現在の日本は「森の国」であるといえそうである。

安定した環境下において最終的に成立する植生のことを極相とよんでいる。現在、わたしたちが暮らす日本列島の気候は、明瞭な四季の移り変わりがあり、気温が比較的温暖で、梅雨の長雨や冬の日本海側の降雪だけではなく一年を通じて降水量が多い、という特色をもっている。このような気候条件のもとでは、土砂災害、山火事、火山噴火などによって植物がまったくない状態になったとしても、ほとんどの場所は時間の経過とともに森林へと次第に移り変わっていく。現在の日本の気候に適応した極相は、西南日本ではシイ、カシなどの常緑広葉樹が優占する照葉樹林、東北日本はブナなどの落葉広葉樹林、

図１　諏訪大社上社本宮。幣拝殿と片拝殿のみで、本殿をもたない。山そのものを神体としているのである。

山岳地域や北海道ではシラビソやトドマツなどの針葉樹林といった森林である。

一方、日本の神社はいわゆる「鎮守の杜《もり》」とよばれる社叢《しゃそう》を有していることが多く、なかには長野県の諏訪《すわ》大社《たいしゃ》上社《かみしゃ》（図1）や奈良県の大神《おおみわ》神社のように本殿をもたず、山そのものを神体としている神社もある。森神や山の神などを祀《まつ》った小祠《しょうし》もふくめると、森林や樹木が信仰の対象の一部となっていることが多い。また、現在の日本文化につながる古代の文化を「照葉樹林文化」「ナラ林文化」「ブナ帯文化」というように樹木の名前で区分して、さまざまな検討や議論がおこなわれている。このように、森林を神聖なものとする見方やよりどころとする考え方は、古い時代から現在にいたるまで日本人に脈々と受け継がれているようである。

以上述べてきたことを考慮してみると、自然条件からも、精神的な面からも、日本に暮らすひとびとは日本を「森の国」と考える素地をもっているのかもしれない。しかし、高度経済成長期頃、あるいは今から一五〇〜三〇〇年ほど前の江戸時代にまで時代をさかのぼると、現在の「森の国」とは大きく異なる景観が日本各地の集落の周囲に広がっていたのである。江戸時代に描かれた名所絵には草原や小松が点在する風景が描かれることが多く、幕末以降に撮影された風景写真や絵葉書、明治時代に発行された地形図に記された地図記号からも、見晴らしのよい、草原的な景観が日本各地に広がっていたことを読み取ることができる（口絵①、③〜⑦）。さらには、不変なものとして考えられてきた鎮守の杜も、時代の移り変わりとともに姿を変えてきたことが、最近の研究によってあきらかにされてきている。

このように、わたしたちが現在目にしている景観や植生は、一定の姿で継続してきたのではなく、さまざまな環境変化を受けて、そのつど姿を変えてきたのである。そして、さまざまな環境変化のなかでも、その時々のひとびとの営みが植生の成立に対して重要な役割を担ってきたのである。それでは、植生の成立や変遷に対してひとが強い影響をおよぼすようになったのは、いつ頃なのだろうか。

ここでは、土壌をふくめた堆積物のなかにふくまれる植物の微化石である花粉や植物珪酸体《けいさんたい》の種類から過去の日本列島の環境を復元した自然科学的研究の成果を紹介し、環境の変遷とそれを引き起こした要因、特に植生の変遷に対するひとびとの営みのかかわりについて、考古学的、歴史学的研究の成果をふまえながら考えてみよう。

環境変動と花粉分析から復元された植生の変遷

現在、わたしたちが生活をしている時代は、二五八万八〇〇〇年前に始まった第四紀という最新の地質時代のなかのほんのわずかな期間である。第四紀では、地球規模での氷床の拡大と縮小で特徴づけられる激しい気候変動がくりかえし起こってきた。現在は氷床の少ない温暖な時期にあたっていて、現在とほぼ同様な気候であったと推定される時期は「間氷期」とよばれている。これに対して、氷床が拡大した現在よりも寒冷な時期は「氷期」とよばれている。こうした激しい気候の変化に対応して、植生も変化してきた。過去の植生を復元する方法として、湖沼《こしょう》や湿原などの堆積物に保存されている植物の微化石である花粉の種類、量を調べる花粉分析法がある。ここでは、日本列島各地でおこなわれた化粉分析の結果をまとめた研究を参考にして、現在の植生の分布にもつながっていると考えられる約二万年前の最終氷期最盛期以降の植生の変遷を見てみよう。

最終氷期最盛期の植生

今から約二万年前の更新世末期は、最終氷期最盛期とよばれる最も寒冷な時期だった。最終氷期最盛期の気温は、現在よりも東日本で七～八℃、西日本で五～六℃程度低かったと考えられている。さらに、氷床が著しく拡大したことにより、海面が現在よりも百数十メートル以上も低下し、暖流である対馬海流の日本海への流入が妨げられたため、日本海の表面水温が低下したと考えられている。このため、冬の季節風に対する熱と水蒸気の供給は現在よりもかなり低下し、日本海側の降雪量は激減した。また、北海道や中部日本などの山岳地域では、氷河の発達や雪線高度の低下にともなって森林限界高度が降下し、裸地や草原が拡大したと考えられている。最終氷期最盛期には、こうした寒冷かつ乾燥した大陸的な気候に対応した植生が日本列島に成立した。北海道には亜寒帯性針葉樹林や森林ツンドラ、東北地方には亜寒帯性針葉樹林、関東から西日本にかけては針葉樹と落葉広葉樹の混交林が分布していた。また、岩手県の北上川《きたかみがわ》上流域のようなそれほど標高が高くない地域においても、草本植生下で形成されるとされる最終氷期最盛期の化石周氷河現象が発見されているため、内陸部においては、積雪量の少ない、乾燥した気候に対応した草原が成立した地域もあったと考えられている。

完新世の植生

最終氷期最盛期を過ぎると気候は急激に温暖化していく。ただし、単純に暖かくなったのではなく、一時的な寒冷期である約一万二九〇〇〜一万一五〇〇年前に生じたヤンガー・ドリアス期（Younger Dryas）のような一時的な「寒の戻り」を挟みながら暖かくなったようである。完新世の始まりは、ヤンガー・ドリアス期が終わって気候が温暖化し始める時期とされている。

気温の上昇とともに、高緯度の大陸に広がっていた氷床が融解して姿を消し、海面が上昇した。この海面上昇によって日本列島は大陸から完全に離れて、現在の姿に近い姿になった。また、海面上昇にともなって暖流である対馬海流が日本海へ流入すると、大陸からの冬の季節風に対する水蒸気の供給が増加したために、冬の積雪量は氷期よりも著しく増加した。

このような最終氷期末期から完新世初頭にかけての急激な気候の温暖・湿潤化は、植生にも大きな影響をおよぼした。約一万三〇〇〇～八〇〇〇年前頃にかけて、現在見られるような極相へと植生は次第に変化していく。中部地方以北ではカバノキ属などが優占する森林を経て、ブナ属やナラ類が優占する落葉広葉樹林が、西日本から関東地方の平野部にかけてはナラ類などが優占する森林を経て、シイ属・コナラ属・カシ類などの常緑広葉樹を主体とする照葉樹林が広がった。このうち、日本海側地域を主体にして分布を拡大したブナやスギは、完新世の温暖化、日本海側の多雪化に適応した樹種だと考えられている。完新世の温暖化は約六〇〇〇年前頃にピークをむかえた。約九〇〇〇年前から約四〇〇〇年前にかけての時期は、年平均気温が現在よりも二～六℃高かったと推定され、気候最良期（Climatic Optimum）あるいはヒプシサーマル期（Hypsithermal Period）などとよばれている。

針葉樹が優占する氷期の森林から「ドングリ」（堅果類）をつける広葉樹が優占する完新世の森林に変わったことは、堅果類を食糧として利用することを人間にもたらした。最終氷期には食糧を採取するために人間は移動生活をしていたと考えられるが、完新世以降、定期的に生産される堅果類を食べるためのあく抜きや保存の方法が確立されたこともあって、定住生活へと変化したと考えられている。定住生活が始まり、集落が形成されるようになると、建材や食糧として森林資源の利用が継続しておこなわれるようになり、集落の周辺には必然的に、人為の影響を受けた植生が形成されたと考えられる。たとえば、東日本では、縄文時代の遺跡の周辺に自然の環境下では極相とならない純林に近いクリ林が形成されていたり、常緑広葉樹林が形成されるはずのヒプシサーマル期のような温暖期においても落葉広葉樹林が維持されていた地域があったりと、集落が多く分布する比較的標高の低い地域では縄文時代にはすでに植生に対する人為的影響が日本各地で認められている。

ヒプシサーマル期のピークが過ぎた約五〇〇〇年前頃から気候の寒冷化が始まった。青森県陸奥《むつ》湾では、約四二〇〇年前に海水温が二℃低下したと推定されており、周辺の陸上ではクリ・コナラ・アカガシの花粉量が低下したことが確認されている。一方、東北地方の低地帯に位置する多くの遺跡では、この時期にトチノキの花粉が急増することが確認され、トチノキ林の成立には人間の関与が強いと考えられている。トチの実を食べるには、かなり手間のかかるあく抜きをする必要がある。しかし、寒冷化によって生産性が低下したクリにかわって、寒冷化に強く、実の豊凶の差が小さいトチの実を主要な食糧にするために、縄文のひとびとがトチノキ林を選択的に育成したのかもしれない。

ヒプシサーマル期後の寒冷化（縄文時代晩期の寒冷期）は、約二五〇〇年前頃までつづいたようである。考古学的な研究によると、この時期に大陸や朝鮮半島から日本列島へのひとと文化の流入が活発になったようである。なお、弥生時代は水田稲作が始まったことで特徴づけられているが、加速器を用いた放射性炭素年代法（ＡＭＳ法〈加速器質量分析法：Accelerator Mass Spectrometry〉）に基づいて弥生時代の開始年代を決定しようとする試みが継続されている。水田稲作などの農耕、鉄器や青銅器などの使用が一般化するにつれて、植生にはより一層人間の影響が強く認められるようになる。水田の適地とされた低湿地帯や河川の氾濫原ではハンノキなどの低湿地林が減少した。また、古代以降では、建材としてのスギ林や薪炭《しんたん》林としてのマツ林の増加など、人間の生業の変化にともなって植生の改変がさらにすすんだようである。

弥生時代以降にも、約九〜一三世紀頃を中心とする中世温暖期、一四〜一八世紀を中心とする小氷期のような気候の変動が認められている。しかし、人間活動が活発となった縄文時代以降は、人為による植生の改変や破壊がすすんだことにより、植物の生育地が制限、分断されてしまったため、気候変化にともなう植生の変化を把握することは、人間活動の影響を受けやすい地域においてはむずかしい。

現在の日本の気候に適応した極相は、西南日本ではシイ・カシなどの常緑広葉樹が優占する照葉樹林、東北日本はブナなどの落葉広葉樹林、山岳地域や北海道ではシラビソやトドマツなどの針葉樹林であると述べた。ただし、こうした潜在自然植生や極相とよばれる植生は、人為的影響がまったくないと仮定した上で、気温や降水量などの現在の気候条件、周辺地域に分布する自然植生と考えられる群落の組成、立地条件などに基づいて、理論的に推定したものである。また、潜在自然植生の推定に用いられる鎮守の杜の樹種も、関東・関西地方ではかつてはマツ・スギ・ヒノキが中心であり、照葉樹林を主体とする現在の植生景観となったのはここ一〇〇年ほどのあいだであることが、絵図や古写真を用いた解析によってあきらかにされている。

植物珪酸体分析から復元される過去の植生

日本各地でおこなわれた花粉分析の結果に基づいて、過去の植生の変遷について述べてきた。しかし、本書の題名にもなっている「草地《そうち》」については、最終氷期最盛期に草原が広がっていたと述べただけで、それ以降の時代に関してはふれていなかった。これは、花粉分析が得意とする空間スケールを反映しているのかもしれない。花粉分析の結果は、試料を採取した地点の流域面積（堆積盆）の大きさを反映し、その面積が大きいほど広範囲の植生を反映することになる。これまでにおこなわれてきた花粉分析の多くは、約一万から一〇万haの流域面積をもつ湖沼や湿原を対象にしてきたが、植物によって花粉の飛散距離や散布様式はちがうため、その範囲内に分布するさまざまな植生の花粉は一様には飛来していないことに注意しなくてはならない。

一方、草地の主要な構成種である草本植物の花は、虫媒花であることが多いことからもわかるように、花粉の飛散距離は短い。このため、広範囲を対象にすることが多い花粉分析では、草本植物の動態を把握しにくいようである。草原の分布を把握するには、湖沼や湿原の堆積物を用いた比較的広い範囲を対象にする花粉分析だけでは不十分であり、もっとせまい範囲を対象にした植生を復元する方法を用いる必要がある。調査地域に非常に小さなくぼ地や流域面積の小さな湿原がある場合には、その堆積物をつかって局所的な植生を復元することができる。しかし、このような場所の分布はかなり限定される。こ

図２　植物珪酸体の顕微鏡写真。
植物珪酸体分析はイネ科を中心とした植生の復元に有効である。

れに対して、わたしたちが広く目にすることができる土壌はさまざまな場所に分布していることから、局所的な植生を復元するという目的には適しているように思われる。しかし、土壌が分布している好気的な条件のもとでは、花粉は分解されることが多いため、分解に対してもっと強い抵抗性をもった植物化石が必要になってくる。

　こうした条件に合うのが、植物珪酸体という植物の微化石であり、その名のとおり植物の細胞や組織の隙間に含水珪酸（$SiO_2 \cdot nH_2O$）が充塡してできる微粒な鉱物である（図2）。光学的な特性がオパールとほとんど同じため、プラントオパールともよばれる。または、ギリシャ語で植物石を意味するファイトリスともよばれる。花粉の保存が悪い好気的な環境や日本に広く分布するテフラを多くふくんだ酸性土壌のなかでも、植物珪酸体の保存状態はかなりよい。たとえば、縄文時代や弥生時代などの遺跡を対象にした発掘調査では、栽培植物の種類やそれらの栽培が始まった時期を解明するため、植物珪酸体の分析が活発におこなわれている。ただし、植物珪酸体はすべての植物からつくり出されるわけではないため、花粉のように全体的な植生を復元するのには不向きである。しかし、植物珪酸体の主要な供給植物であるイネ科の植物は世界に広く分布していること、こうした植物が気候に対応して分布するため林床植生などの復元に適していること、イネやトウモロコシなどの栽培植物を把握できること、風による飛散が少ないこと、などのよい点がある。また、土壌中にふくまれる花粉の分析結果と植物珪酸体の分析結果とを併用することで、植生の動態をより細かく解析できることが指摘されている。

これまでに日本各地でおこなわれた植物珪酸体の分析の結果は、以下のようにまとめられている。南関東では、最終氷期以降、寒冷期にはササ属、温暖期にはメダケ属（ネザサ類）が優勢であった。その後、縄文時代以降にササ属が衰退し、メダケ属が優勢になることは、草原的植生が拡大したことを示し、人間活動の影響を示唆していると考えられている。九州南部では、約三万〜八〇〇〇年前にかけてはクマザサ属などタケ亜科を主体とする草原植生が広く分布したが、約七三〇〇年前には照葉樹林が拡大した。その後、ススキ属やメダケ属を主体とする草原植生が拡大して、継続したことは、人間による植生干渉や火入れ、山火事の頻発などがあったと考えられている。北海道地方や東北地方北部では、最終氷期のような寒冷期にはササ類を林床にともなわない亜寒帯針葉樹林が成立した。温暖な完新世になるとササ類が拡大し、人間活動の影響を示すと考えられるススキ属などをふくむキビ亜科が増加した場所もある。

このように、植物珪酸体分析を用いることで、人間活動をふくめた環境変動に対応したイネ科植物の変遷を把握することができ、花粉分析では見落とされがちだった草原植生の分布もわかってきた。なかでも、完新世が始まった約一万年前頃の縄文時代早期以降からススキ属やメダケ属などの植物珪酸体量が急増していることから、完新世においても草原植生が日本列島の各地に分布していたことが確認されるようになってきた。前に述べたように、現在の日本の温暖湿潤な気候下では、ほとんどの地域で森林植生が成立するはずである。それにもかかわらず、完新世に草原植生が拡大したことは、熊本県阿蘇山《あそさん》、山口県秋吉台、長野県霧ヶ峰のような、現在もひとが継続して手を加えることによって維持されている草原、生態学でつかわれているいわゆる「半自然草原」または「二次草原」の成立が縄文時代にまでさかのぼるのではないかと考えられるようになってきている。

黒色土（黒ボク土）とは

日本に分布する土壌のタイプで黒色土（黒《くろ》ボク土）という土壌がある（口絵⑱〜⑳）。黒色土は林野土壌分類、黒ボク土は農耕地土壌分類に基づく分類名であるが、いずれも真っ黒な色をした厚い腐植層をもつことに由来している。また、黒ボクという名称は、土を実際に手で触ってみるとわかるのだが、

図３　厚さ約1mの黒色土（上の矢印）。黒色土の直下にある層は十和田カルデラ（十和田湖）から約9000年前に噴出した十和田南部テフラ（To−Nb、下の矢印）。テフラの上にテフラを母体とした、炭素を多くふくんだ黒色土が形成されている。

軽くてボクボクとして砕けやすいことに由来している。

日本に分布する土壌のなかで最も広い面積を占めているのは褐色森林土という主に森林下に分布している土壌である。黒色土はそれに次ぐ国土の一七％（六五四万ha）を占めている（口絵㉑）。黒色土は北海道から九州まで全国に広く分布し、黒ボク土という名称が火山灰土の分類名としてつかわれていることからも想像ができるように、火山の山麓や偏西風の風下にあたる火山東側の傾斜の緩い丘陵地や山地などのような、火山が噴出した火砕物の総称であるテフラが厚く堆積する地域に多く認められる（図3）。黒色土にふくまれている粘土鉱物の分析によると、完新世に噴出したテフラが厚く堆積している地域では、テフラの風化によって生成されるアロフェンという粘土鉱物を多くふくむ黒色土が分布するのに対して、それ以外の地域では非アロフェン質の黒色土が分布している。なお、テフラの降灰が少ない東北地方の日本海側や近畿地方にも黒色土は分布している。このため、黒色土はテフラだけを母材としているのではなく、黄砂のような風によって運ばれる堆積物なども母材としていることが指摘されている。

黒色土の外見的な特徴として真っ先にあげられるのが、有機物を多量にふくんでいることを示す真っ黒な色をした腐植層をもつことである。その炭素量は二〇％前後を示すことが多く、腐植層の厚さが一mを超えることもある。黒色土にふくまれる多量の有機物は植物から供給されていることから、給源植物をあきらかにするために花粉や植物珪酸体の分析がおこなわれてきた。その結果、黒色土には大量の植物珪酸体がふくまれること、その植物珪酸体のほとんどがススキやネザサなどイネ科の草本植物起源であることがあきらかとなった。完新世に入っても日本各地に草原が広がっていたと前に述べたが、これは黒色土にふくまれる植物珪酸体の分析によって導きだされた結果である。

最近では土壌中の有機物の炭素安定同位体比を用いて、有機物の供給源をあきらかにする試みがおこなわれている。植物の炭素安定同位体比は光合成経路のちがいによって異なり、その値は植物遺体として土壌に供給されてもほとんど変化しないため、有機物の供給源となった植物を推定することができるのである。つまり、植物はその光合成機構のちがいにより、大きくはC３植物とC４植物に分類できる。これらの研究によると、土壌有機物の給源は、褐色森林土では大部分が樹木起源であると考えられるC３植物であるのに対して、黒色土では草原植生の主要な構成種となっているススキなどのC４植物を起源とする有機物が二〇〜六〇%ふくまれている。黒色土の炭素安定同位対比がばらつく要因については現在も研究が進行中であるが、C4植物であるススキ以外にも土壌有機物の給源のあることが指摘されている。

累積的に形成された黒色土を用いて炭素安定同位体比と植物珪酸体組成との対応を南九州都城《みやこのじょう》盆地を対象にしてくわしく調べてみると、長期間継続した草原植生であっても時間経過とともに種組成が変化していることがわかってきた。攪乱直後には先駆植物であるススキ(C4植物)が優占した草原は、メダケ、ネザサといったC3植物が繁茂する草原へと次第に変わっていったようである。実際に、火入れや採草といった草原の利用・管理が放棄され、ススキ草原からササ草原へと遷移することがあるため、黒色土の炭素安定同位体比と植物珪酸体組成の変化は、時間の経過による草原植物の遷移を示していると考えられる。

また、長野県霧ヶ峰に広がる草原は、標高が高くなるにつれてC4植物であるススキ型の草原からC3植物であるヒゲノガリヤス・ヒメノガリヤスなどを主体とするノガリヤス型の草原へと移り変わることが知られている。しかし、土壌有機物の炭素安定同位体比は、現在はノガリヤス型となっている草原においても、かつてはC4植物が繁茂していたことを示していた。霧ヶ峰が採草地として活発につかわれていた時期には、ススキ草原が現在よりも標高の高い地域にも広がっていたようである。このように、長期間にわたって草原が成立する場合にも、草原を構成する組成は、時間や土地利用の変化にともなって変化することは、注意する必要があるだろう。

同じような立地条件でも、過去に存在した植生（ここでは森林と草原）のちがいによって土壌の特性が異なることもあきらかにされている。たとえば、長野県北部の黒姫山《くろひめやま》山麓では、森林植生下には褐色森林土が分布するのに対して、草原植生下には黒色土が分布していた。さらには、同じ土壌断面内であっても、植生の遷移に対応して生成される土壌が異なり、草原植生が成立していた時期には黒色土に相当する土壌が、森林植生が成立していた時期には褐色森林土に相当する土壌が生成していることもわかってきた。つまり、黒色土が生成されるには、草原的な植生が必要である、ということがいえそうである。

黒色土にふくまれる微粒炭とその起源

黒色土には「微粒炭」とよばれる細粒の炭が大量にふくまれている場合が多い（図4）。実験的に山火事を発生させて調べてみると、〇・一㎜以上の大きさの炭は、その場所が被災したことを示していることがわかった。黒色土にふくまれている微粒炭は、現地性であることを示す大きさであるため、黒色土中の微粒炭は過去に野火《のび》が生じた証拠であると考えてもよい。また、黒色土には植物体が燃えることで生成されるA型腐植酸がふくまれている。近年では、黒色土にふくまれる微粒炭を形態などに基づいて分類した結果、その多くが草本植生を起源としていることがわかってきた。これらのことは、黒色土の形成には「草原」と「火」が何らかの関与をしている可能性が高いことを示している。

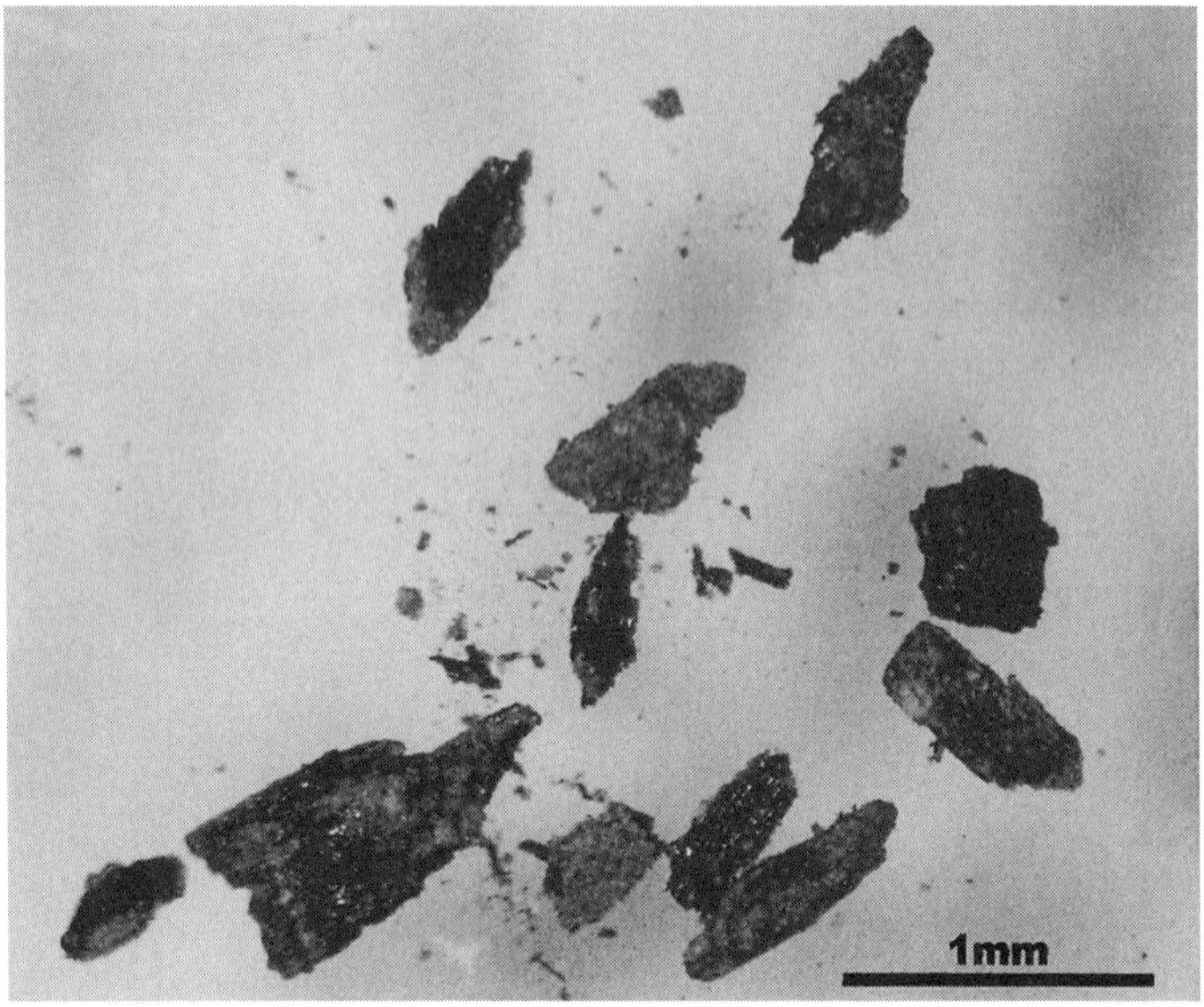

図４　黒色土にふくまれる微粒炭。

黒色土にふくまれている微粒炭は、草原を維持するために火がつかわれていたことを示す証拠である。草原と火との関係というと、日本各地に分布している草原で毎年春先におこなわれている山焼き（野焼き）が思い浮かぶ。現在、山焼きは景観の維持や観光を目的としておこなわれることが多いが、かつては採草地や放牧地として草原を利用するために日本各地で定期的におこなわれていた。前に述べたように、現在の日本の温暖湿潤な気候では、草原が長期にわたって成立することは自然状態ではむずかしく、山焼きや採草をおこなうなど人間が手を加えなければ、草原は森林へと移り変わってしまう。

草原を維持するための定期的な山焼きが、いつ頃からおこなわれるようになったのかははっきりとしない。しかし、八世紀初頭に制定された大宝律令にある『厩牧令《くもくりょう》』という牛馬の飼育に関する取り決めのなかに山焼きに関する記述がある。厩牧令の条項のひとつである「牧地条《ぼくちじょう》」には、正月以降に山焼きをして草を一面に生やすように定められていることから、草原の維持を目的とした定期的な火の使用が、飛鳥時代から奈良時代にはすでに確立されていたのである。

以上述べてきたように、黒色土は草原的な植生下で生成する土壌である。逆に考えると、黒色土が存在することは、草原的な植生が存在していたことを示している。さらに、黒色土は、草原を維持するためにおこなわれてきた山焼きや過度な森林伐採など過去におこなわれてきた人間活動の示標となる可能性が高い。つまり、黒色土は過去の人間活動によってつくり出された土壌であるといってもよいのかもしれない。今後、黒色土の分布とその生成年代をあきらかにすることができれば、過去に広がっていた草原の分布範囲を推定することも可能かもしれない。黒色土が分布している地域を見ると、古文書などに記された中世以降の馬産地である牧の分布と重なる場所が多いという指摘も、黒色土と草原とのむすびつきの強さを示唆しているようである。

微粒炭とブラックカーボンと地球環境問題

微粒炭が湖沼・泥炭堆積物にふくまれていることは、花粉分析用のプレパラートに微粒炭がまざっていることがあることから、かなり以前から知られていた。近年、微粒炭の分析法や定量法が確立されたため、時間分解能の高い堆積物を用いて、花粉分析、植物珪酸体分析などと組み合わせることで、植生の変遷に対する火災の影響がよりくわしく調べられるようになってきた。第一章で須賀が述べているように、黒色土の多くは縄文時代以降に形成を開始していて、湖沼堆積物にふくまれる微粒炭もほぼ同じ時期に量が増加する傾向がある。堆積物にふくまれる微粒炭の増減の仕方は地域によって異なっていて、文書史料のある歴史時代については人間活動との関連がくわしく調べられている。たとえば、京都盆地北部では七世紀初頭の飛鳥時代における瓦・陶器窯に用いる炭の生産、長野県北部の飯綱《いいづな》高原では西暦一三〇〇年前後におこなわれた草地の拡大・維持を目的とした火入れによって、微粒炭の量が急増したようである。

一八世紀から一九世紀にかけて起こった産業革命以降になると、産業活動に使用する燃料は石油・石炭など化石燃料が次第に主体となった。このため、日本の過去一〇〇年間の堆積物にふくまれる微小な炭化物は、主に植物の燃焼に由来する微粒炭よりも化石燃料の高温燃焼に由来する球状炭化粒子が多くなる。大気中の微粒子であるエアロゾルのなかで、微粒炭や球状炭化粒子のような炭化物の粒子はブラックカーボン（元素状の炭素を主成分とするいわゆる「すす」）とよばれ、温暖化や大気汚染を抑制する観点から近年注目を集めている。ブラックカーボンの環境に対する影響としては、太陽光の吸収による大気の加熱、大気の加熱による大気循環の変化、氷河・雪面への降下による融解の促進などがあげられているが、影響の大きさについては現在も研究がすすめられている段階である。ブラックカーボンは、化石燃料、バイオ燃料、植生などが不完全燃焼する際に大気中に放出され、凝結核となって雲粒へと成長し、雨となって地表に降下する。このように、ブラックカーボンは大気中での滞留時間が短い。一方、二酸化炭素のような温室効果ガスは大気中での滞留時間が長いため、温暖化や大気汚染の対策を講じてもその効果が出るまでに時間がかかると考えられている。こうしたことから、大気中の滞留時間が短く、温暖化対策などの効果が早く現れる可能性が高いと考えられるブラックカーボンは、早急に排出を削減することが期待されている。

日本では、工場や自動車、特にディーゼル車からの排煙・排出ガスがきびしく規制され、採草地、放牧地での野焼きや薪炭林での炭焼きが衰退したこともあって、微粒炭や球状炭化粒子の排出量は近年減少傾向にある。日本をふくむ先進国では、排出規制、燃焼効率の改善、エネルギー転換などによってブラックカーボンの排出量は減少しつつある。しかし、発展途上国ではブラックカーボンをふくめたエアロゾルの排出に関する対策が遅れている地域が多く、アジアとアフリカは現時点におけるブラックカーボンの排出源の主体となっている。

燃焼によって生成したブラックカーボンのような炭化物は、分解に対して強い抵抗性をもち、土壌や堆積物中に長く保持されることが指摘されていて、地球上の炭素循環にも大きく影響していると考えられている。また、炭は、脱臭剤としてつかわれていることからわかるように吸着性が強く、土壌中においてもイオン交換容量などの養分動態にも影響しているのではないかと考えられている。ブラックカーボンの動態は、大気中だけではなく、地表に落下して土壌や堆積物中にとりこまれたあとについても不明な点が多い。第一章で須賀が述べたように、黒色土の炭素蓄積量は日本のさまざまなタイプの森林土壌のなかで特に高い。黒色土にふくまれる植物の炭化物片は、土壌有機物の三〜三三％を占め、場所によるばらつきが大きい。また、黒色土以外の土壌にも植物炭化物片がふくまれているが、それらの量についてはほとんどわかっていない。これらは、土壌中のブラックカーボンの量が、火災前後の気象条件に加えて、燃焼した植物の種類、部位のちがい、被災場所からの距離や地形のちがいなど、多くの条件の影響を受けるため、一様ではないことを示している。つまり、現時点では、ブラックカーボンの地球規模での総量も正確には把握されていないのである。このため、将来の地球環境問題を考えていく上で、微粒炭をふくめたブラックカーボンのさまざまな性質、蓄積量をくわしく調べるだけではなく、温暖化や炭素循環など環境に対するブラックカーボンの影響についても、正しい知識を身につけていくことが必要である。

里山とは

「里山」ということばは、いつ頃から現在のように普通につかわれるようになったのだろうか。一般に認知された新語を収録することで知られる国語辞典『広辞苑』に里山が初めて掲載されたのは、一九九八年に発行された第五版からである。つまり、一般的にはかなり新しいことばである、ということになる。広辞苑第五版では里山を「人里近くにあって人々の生活と結びついた山・森林」と説明している。ちょうどその頃、スタジオジブリ制作の『となりのトトロ』（一九八八年）、『おもひでぽろぽろ』（一九九一年)、『平成狸合戦ぽんぽこ』(一九九四年)といった自然とひととのかかわり方を印象的に描いたアニメーション映画が公開されていた。こうしたこともあって、「都市近郊の雑木林を守ろう!」というひとびとの気運が高まり、さまざまな活動がおこなわれるようになったことが、里山ということばが一般的になったきっかけとなったのだろうか。

さて、里山を学術用語としてつかい始めたのは、京都大学名誉教授の四手井綱英《しでいつなひで》とされている。しかし、四手井は里山を初めてつかった文章をおぼえていないようである。四手井の一九五〇年代以降の著作を読んでみると、奥山に対する用語として里山が頻繁につかわれている。林業分野でつかわれていた「農用林」という農家が所有する有機肥料、薪炭、用材を採取するための林をさす用語が専門的でわかりにくく、一般の人に受け入れやすくするために「里山」をつかい始めた、とあとに自身の著書で述べている。農用林についての考え方を述べた論文もあるが、そのなかでは里山はつかわれておらず、「里山=農用林」という定義が明確になったのは昭和四〇年代以降のようである。ただし、里山は四手井がつくり出した用語ではない。里山という用語をつかい始めた頃、四手井は山形県真室川町字釜淵にある林業試験場釜淵分場に勤務していた。四手井もしばしば文章を投稿していた一九五〇(昭和二五)年から秋田営林局より発刊された機関誌『蒼林』には、山形県の職員や営林署職員が執筆した、里山ということばが出てくる農用林や植林に関する文章がいくつも見受けられる。また、秋田県には、一七一三(正徳三)年に秋田藩が定めた二五項目からなる「林取立役定書」や一七一六(享保元)年に藩に提出された林役人の上書が伝えられていて、それらのなかで里山がつかわれている。こうしたことから、四手井の友人である高橋喜平《きへい》が、地元出身の職員がつかっていた里山ということばを四手井が日常的に耳にしていたはずだ、という指摘は正しいのではないだろうか。

江戸時代に里山ということばをつかっていたのは秋田藩だけではない。史料によると、佐賀藩、加賀藩、尾張《おわり》藩の文書にも里山の記述がある。いずれも、里から離れた山である奥山（深山）に対して、里に近い山として里山がつかわれている。このうち、尾張藩の『木曽山雑話』のなかの「木曽御材木方」は、現在の長野県木曽郡上松町《あげまつまち》にあった上松材木役所に在任していた寺町兵右衛門が、一七五九（宝暦九）年に、当時の山の区分、地形、土地利用などの定義をくわしく記した実地見聞録である。この文書のなかでの里山は、もともとは裏木曽（現在の岐阜県中津川市周辺）でつかわれていたもので、かなりの字数を割いて解説されている。村里や集落に近い山であること、木々の生長が悪く材木にならないこと、こうした山の多くは百姓の私有林として利用されていたことがわかる。しかし、一七二四（享保九）年には里山の利用はきびしく規制され、用語としても木曽表（長野県木曽郡）でつかわれていた「明山」に統一されたようである。

里山の用語としての歴史を少し振り返ってみたが、江戸時代につかわれていた里山が、学術用語として再びつかわれるようになったのは、意外なことに一九五〇年代あたりからだった。そして、一般のひとたちに定着したのはかなり最近だったのである。そういえば、瀬戸内地方で生まれ育った幼い頃のわたしは、自宅の裏山にあった山火事の跡地、アカマツ林、照葉樹の藪《やぶ》のなかで遊んだり、ワラビやゼンマイをとったりしていたが、里山という言葉を認識したのは大学生になってからで、『となりのトトロ』

や『おもひでぽろぽろ』などを映画館で観ていた頃だったように思う。

次に、本書のテーマである草原と里山との関係を考えてみよう。「木曽御材木方」では、円に投入するための草肥《くさごえ》や牛馬の飼料である秣《まぐさ》を採取するための草原を「草山」とよび、里山とは区別していた。里山を学術用語としてつかい始めた四手井ほか林学の研究者もほぼ同じような考え方をしていた。一方、環境省自然環境局のホームページ「里地里山の保全・活用」を見てみると、「里地里山とは、原生的な自然と都市との中間に位置し、集落とそれを取り巻く二次林、それらと混在する農地、ため池、草原などで構成される地域です。農林業などに伴うさまざまな人間の働きかけを通じて環境が形成・維持されてきました」とある。この環境省の定義のように、最近つかわれている里山という用語は、森林だけではなく、草原や田畑などもふくめた人間活動が加わることで形成された二次的な自然すべてをふくんでいて、林学の研究者が定義した限定的な里山よりも、多様な環境を示すことが多くなっている。

こうした背景には、農業用としての森林の利用がほとんどおこなわれなくなったこと、何よりも、平野に広がっていた農地に加えて丘陵地や低山地帯にあった森林までもが、都市開発などによって失われつつあることも影響しているのかもしれない。里山はひとの活動によって成立し、維持されてきたため、人間活動の種類、その強度や範囲などが時代によって移り変わるのに合わせて、里山の姿もそのつど変わってきたのだろう。わたしたち自身のもつ里山に対するイメージが、世代、出身地、経験などのちがいで異なっていて十人十色であることは、人間との微妙なバランスで里山が成立していることを示しているのかもしれない。

現在、さまざまなメディアでとりあげられている里山の定義は、明確なものがひとつ決まっているわけではなく、対象となる範囲はそれぞれ微妙に異なっている。ただ、最近つかわれている里山という用語には、強調されることは少ないものの、森林以外の土地利用である草原がふくまれている場合が多いことに注意しなくてはいけない。草原が表だってとりあげられることが少ない理由としては、「山」というとどうしても「森林」を想起してしまう日本人の森林観があるのかもしれない。また、里山が一般のひとにも認識され始めた一九七〇～八〇年代には、高度成長期以降に放棄された薪炭林の再生への取り組みが活発におこなわれたが、その頃にはすでに集落や農地の周囲に広がっていた草地は植林地や雑木林に姿を変えていたことが、影響しているのかもしれない。なお、里山に関する文献ごとのイメージのちがいについては、図をつかってわかりやすく解説された報告がいろいろとあるので、それらの報告のなかから自分のイメージに近い「里山」の姿を探してみてはどうだろうか。

半自然草原の誕生は縄文時代？

現在つかわれている「里山」という用語にふくまれている集落周辺に広がるひとびとの営みとのかかわりのなかで成立したさまざまな景観は、いつ頃誕生したのだろう。前に述べたように、花粉分析の結果は、人間の定住生活がすすんだ縄文時代にその始まりがあることを示していた。定住生活がおこなわれるようになって森林資源の利用がすすむと、集落周辺には人間活動の種類や強度に応じた植生が成立するはずである。まず、縄文時代の環境変遷史が花粉分析、植物珪酸体分析など多方面からくわしく調べられている青森県三内丸山《さんないまるやま》遺跡を例にして、縄文時代に誕生した里山の景観をくわしく考えてみよう。

集落ができる前の三内丸山には、ミズナラやブナからなる落葉広葉樹林が台地や斜面に広がっていた。五〇〇〇年前頃に集落ができ始めるが、それよりも前に、落葉広葉樹の花粉の減少、微粒炭量の急増、黒色土の形成開始で特徴づけられる森林伐採、火をつかった森林破壊が始まった。これらの変化に歩調を合わせるように、クリや林縁群落の花粉が増加することから、この時点で草原、疎林、森林がモザイク状に分布する景観がすでに形成され始めていたと考えられる。集落が形成されると、植生に対する人間活動の影響はさらに強くなり、ミズナラなどの落葉広葉樹林が衰退するのに対して、クリ林が急激に拡大する。一方、オニグルミなど食用となる植物の花粉は継続して出現することから、有用植物を集落周辺に人為的に配置するような植生改変と土地利用がおこなわれたようである。四五〇〇年前頃の縄文時代中期に集落は最も拡大し、花粉分析では飛散距離の短いクリ花粉が優占するようになることから、集落周辺の台地には食用および建材としての利用を目的とした純林に近いクリ林が広がったと推定されている。住居に近い場所では、盛り土のような土層の付加や、踏圧によって植被が失われたことを示す人為的な攪乱を強く受けた土層も形成されており、集落の周囲には裸地や草原もしくは疎林のような開放的な植生景観が広がっていたと推定されている。その後、縄文中期末には気候が寒冷化し、寒さに弱いクリにかわってトチノキの利用がすすんだ。三七五〇年前頃に集落は終焉をむかえることになる。

以上のような、ひとびとの営みにともなう植生の変化は、三内丸山だけではなく、東北地方や北信越

図５　青森県青森市三内丸山遺跡。柱穴の大きさに基づいて復元された大型掘立柱建物。柱穴からは直径約 1m のクリの木柱が発掘された。

地方の縄文時代の遺跡でも広く見られる。これらの地域における樹木の利用で特徴的なのは、食材、木材としてクリが大量に利用されていること（図５）であり、集落の周辺には純林に近いクリ林が成立したと考えられている。自然の植生遷移ではクリが極相林となることは考えにくいため、縄文時代における大量のクリの利用には、育成管理など人間の働きかけが積極的におこなわれたと考えられている。

縄文時代に東北地方に広がった落葉広葉樹林と草原から構成される明るく開放的な植生は、秋の堅果類のめぐみだけではなく、春のワラビ・ゼンマイ・タラの芽などの山菜のめぐみをもたらしていたことが、遺跡周辺の花粉分析や植物遺体の研究から指摘されている。また、キノコ形土製品が東北地方北部の縄文遺跡から発掘されていることから、縄文時代のひとびとが秋のキノコ類のめぐみを享受していたことも推定されている。

今でも東北地方のひとたちは、春には山菜をとりに、秋にはキノコをとりに山に分け入っていく。瀬戸内生まれのわたしは、東北地方の山菜・キノコ類の豊かさを岩手県で暮らすようになって初めて知った。何より驚いたのは、東北のひとたちの山菜・キノコとりに対する情熱の強さだった。岩手県で暮らす前のわたしは、山菜といえばワラビ・ゼンマイ・タケノコ、キノコといえばマツタケくらいしか知らなかった。しかし、数年も経つと周囲のひとたちの影響もあって、旬の季節になるとシドケ・ミズ・ウルイ・コゴミなどの山菜やさまざまな種類のキノコを求めて山に分け入るようになっていた。そう考えると、縄文時代のひとびとが培った山菜文化ともいうべき採集に根ざした食文化は、現在でも東北地方のひとたちに深く根付いているといえるのだろう。

黒色土・微粒炭と縄文時代

それでは次に、草原植生下で生成される黒色土の年代を、放射性炭素年代法（^{14}C年代法）や黒色土中に挟まれているテフラの年代を用いて調べた結果を見てみよう。場所によっては三万年前を超えるような古い年代を示すものもあるが、縄文時代の開始年代とされる約一万五〇〇〇年前以降に形成を開始した黒色土がほとんどである。また、黒色土の生成期間は、短期間ではなく、数千年間にもわたっていることが多い。また、近接した地域において黒色土が形成を開始した年代を比較してみると、標高・傾斜などの地形、集落（遺跡）からの距離などといった、あたかもその土地をひとびとが利用する際の難易度に依存しているかのように、利用しにくい場所ほど黒色土の形成開始年代がおそく、黒色土が形成されないこともある。

草原を維持するため、現在も日本各地で毎年春先に野焼きがおこなわれているが、こうした火災の発生の指標となるのが、先に述べた微粒炭である。日本各地のさまざまな堆積物にふくまれる微粒炭の量は、約一万年前（縄文時代早期頃）以降に増加する傾向があり、火災の発生頻度が増加したと考えられている。縄文時代の微粒炭量の増加が、人為的な火災によるものなのか、自然発生した火災によるものなのかは、縄文時代には文字史料が残されていないため、はっきりと認定することはできない。しかし、日本の温暖湿潤な気候条件下で黒色土が形成されるような草原植生が長期間成立するには、何らかの圧力が加えられる必要がある。黒色土に微粒炭が多くふくまれること、黒色土の形成が始まった時期と湖底堆積物中の微粒炭量が増加する時期がよく似ていることを考慮すると、人の手が加わることで成立・維持される半自然草原が誕生したのは縄文時代である可能性が高い。

旧石器時代から石器の材料である黒曜石の原産地として知られてきた長野県の広原湿原周辺では、黒色土の分布と年代、微粒炭量の変動、植物珪酸体分析と花粉分析の結果に基づいて、黒色土の形成環境がくわしく検討されている。黒色土の形成が始まったのは縄文時代早期であり、微粒炭およびイネ科植物の植物珪酸体の量が増加する年代と一致する。また、黒色土は、草原および明るい林床をともなう二次林、疎林が混在する里山のような環境下で形成された。そして、それぞれの分布や比率は一定ではなく、その時々で移り変わっていたようである。このような環境を生みだしたのは、現在よりもはるかに粗放的であったにちがいない縄文時代のひとびとの火の使用によって発生した野火や山火事であると考えられている。

それでは、縄文時代のひとびとは何のために草原を維持したのだろうか。

山野井徹は、青森県つがる市の亀ヶ岡遺跡にある谷の埋積土を調査し、縄文期の土層から微粒炭とゼンマイの胞子が多産することを明らかにした。このことは、縄文時代を通して野焼き・山焼きが継続しておこなわれたことを示している。現在、ゼンマイが乾燥保存食として利用されていることを考慮すると、当時のひとびともゼンマイを保存食として利用していた可能性が高い。ゼンマイのような山菜は、毎年春に得ることができる貴重な食料である。縄文のひとびとは、草原的な環境を維持することで山菜を安定して獲得することができることに気がついて、野焼きを継続しておこなうようになったのかもしれない。

阪口豊は、千葉県北部の下総《しもうさ》台地の泥炭《でいたん》層中に微粒炭が多くふくまれ、草本花粉の量が多いことに加え、周辺に黒色土が分布することから、縄文時代には狩猟や焼畑を目的とした野焼きによって維持された草原と森林とがモザイク状に分布していたと推定した。遺跡から出土する動物の骨に基づくと、縄文時代のひとびとはイノシシ・ニホンジカを主な対象にして狩猟をおこなっていたようである。イノシシ・ニホンジカの少ない多雪地域である三内丸山では、ノウサギとムササビの骨が出土することが多く、両者の生態から類推すると、縄文時代の三内丸山遺跡周辺には草原と森林とがモザイク状に分布していたと考えられる。縄文遺跡から矢の先につける石鏃《せきぞく》（石の矢じり）が大量に出土すること、諏訪地方や熊本県阿蘇地方で少なくとも中世には始められていた御狩《みかり》神事が定期的な野焼きで維持された草原でおこなわれていることから、弓矢を用いた狩猟には森林よりも開けた空間のある草原の方が適しているのかもしれない。また、縄文時代の集落遺跡の周辺では、黒色土におおわれた陥し穴遺構がしばしば発掘される。集落周辺にあるクリの実などを食べに出没したイノシシを積極的に狩るため、あるいは食害を防ぐために陥し穴で捕らえる、というようなこともあったのだろうか。現在の日本の山間地域に現れるイノシシやニホンジカの生態も考慮すると、縄文時代のひとびとがつくり出した草原、疎林、森林がモザイクのように分布する植生景観は、これらの動物の生息適地となっていたのではないだろうか。

縄文のひとびとの火の使い方を考える上で、縄文文化の伝統を長くとどめてきたと考えられているアイヌのひとびとの行動が参考になるかもしれない。幕末期、現在の北海道である蝦夷地を六度訪れた松浦武四郎は、詳細な調査記録を数多く残している。それらの中には、草原に火を放つ様子がいくつか記されている。火を放った主な理由は、踏査の際に通行の妨げとなる藪やササを取り除くためや帰路の目印にするためである。案内役を務めたアイヌが自ら火を放った場合と武四郎が指示して火をつけさせた場合の両方があるように思われる。ただ、いずれの場合も、春先の雪の残る時期の記述が多いとは言え、何の下準備もなく、気軽に火を放っているのが印象的である。暖を取った後の残り火を周囲の茅原に付け火したことも記されるほどである。また、思った以上に火が燃え広がったときには、その火に驚いて飛び出してきたシカをアイヌがしっかりと仕留めたことも記されている。こうした記述を読んでいると、縄文時代は現在とくらべて人口密度がはるかに低かったこともあり、縄文のひとびとは気軽に火を放つことが多かったのではないか、とも思えてくる。今後、アイヌに関する民俗学的な研究を活用することで、縄文のひとびとが草原を作りだした理由が見えてくるかもしれない。

弥生時代以降の草原

東北地方や中部地方の八ヶ岳山麓など東日本では、縄文時代中期頃に遺跡数が最も増加し、国宝にも指定される土偶に代表されるさまざまな遺物が出土することからもわかるように、縄文時代は興隆を極めた。しかし、気候の寒冷化が進行するにつれて、それまでおこなってきた採取・狩猟を中心にした生活が継続できなくなったようである。規模の大きな環状集落への集住から分散居住へと居住形態が変化したことや、遺跡数が減少していることは、人口がかなり減少したことを示していると考えられている。こうした気候変化やそれにともなう食糧事情の変化によって、縄文時代後期以降、日本列島だけではなく東アジアをふくめたひとの移動・交流が活発化したと考えられている。

弥生時代にはさまざまな文化とひとが日本に流入してきたが、そのなかで最も大きい出来事は、水田稲作が定着したことであろう。縄文時代に稲作は日本に伝わっていて、部分的におこなわれていたが、広い地域には定着しなかったようである。弥生時代以降、水田稲作が日本に広がった理由としては、寒冷化で悪化した食糧環境の改善に稲作が有効であったこと、縄文海進とよばれる海面の高水準期につづく海退によって稲作の適地となる氾濫原が低地に広がったことなどが考えられる。弥生時代の堆積物の花粉分析によると、低湿地に生育するハンノキ属などが減少するのに対して、人間の攪乱を示すイネ科やマツが増加する傾向が日本各地で見られるようになる。このことは、水田稲作が次第に日本各地に広がり、定着していったことを示している。

日本における弥生時代以降の水田稲作の広がりについては、第三章で丑丸がくわしく述べているので参考にしていただきたい。安定した食糧の供給は人口の増加をもたらし、人口の増加はさらなる食糧の需要の高まりをもたらしたと考えられ、さらに多くのコメを得るために新たな水田の開墾、水田への肥料の投入、木製品から鉄製品への農具の改良などが、すすんでいったと考えられる。たとえば、弥生時代以降の遺跡から出土する大足《おおあし》とよばれる農具は、緑肥を田に踏み込む際につかわれたと考えられていて、昔から水田への施肥《せひ》がおこなわれたことを示している。

農業生産を安定しておこなうために、人間による水や肥料などの管理が定期的におこなわれたと考えられる。このため、縄文時代に食糧を得るためにおこなわれていた粗放的な活動よりも、弥生時代には自然環境に対して人間の影響がより強く働くような場所が出てきたのではないだろうか。水田稲作がおこなわれるようになった水を得やすい氾濫原や扇状地の後背湿地は、豪雨による河川の氾濫や土石流が発生する頻度が比較的高いため、攪乱による裸地、草原、灌木的な環境がもともと生じやすい場所である。そのような場所が農地として利用されると、多くの農業活動が一年周期でおこなわれることからもわかるように、定期的に人間の手が加わることで攪乱の頻度は自然状態よりも高くなる。このため、農業がおこなわれる地域の周辺では、草原的な環境がより一層長期にわたって継続して成立しやすくなったのではないだろうか。

気候学的、生態学的に見ると、完新世の日本列島のほとんどの地域は何もなければ森林におおわれていたと考えられ、最終氷期に広く分布していた草原は完新世には分布が限定されたはずである。しかし、縄文時代以降活発になった人間活動は、草原や里草地など多様な環境をつくり出し、第一章で須賀がすでに述べたように、本来は分布が縮小するはずだった草原性の生物が生育できる環境を創出したのである。

草原と牛馬の飼育

広大な草原というと、ウシやウマなど家畜のための牧場、放牧地が思い浮かんでくる。三世紀末の中国の歴史書『魏志倭人伝』の倭国に関する記述に「其地無牛馬虎豹羊鵲」とあり、当時の日本にはウシ・ウマはいなかったとされている。遺跡の発掘調査でも縄文・弥生時代と確認された地層からは骨が発掘されておらず、どちらも埴輪《はにわ》や副葬品としての用具が出土するようになる古墳時代以降に大陸からもたらされたと考えられている。

歴史時代に入ると、ウシ・ウマおよびその放牧に関連した牧（草原）の記述が多くの史料に記されるようになる。特に、皇室や貴族だけではなく、一般のひとびとが詠んだ歌も多く集められた『万葉集』

に牧をふくめた半自然草原の風景を詠んだ歌が多く見られることは、須賀が述べているように、草原の風景が一般化していたことを示している。牧に関する記述としては、五三五（安閑二）年に牛牧が難波《なんば》に開設されたこと、六六八（天智七）年に近江《おうみ》に牧を多く置いてウマが放たれたこと、七〇〇（文武四）年に牧地を定めて牛馬を放ったことなどが、『日本書紀』と『続日本紀』に見られる。

八世紀初頭に制定された大宝律令のなかの『厩牧令』には、牛馬の飼育に関する細かい規定が示されている。たとえば、四月上旬以降は青草、一一月上旬以降は乾草を食べさせること、牛馬一〇〇頭を一群として牧子二名を飼育係とすること、毎年正月以降に野焼きをして草を一面に生やすこと、などが定められ、この時点で草原を維持するための野焼きが毎年春先におこなわれていたこともわかる。

平安時代中期に編纂された『延喜式《えんぎしき》』では、官牧《かんぱく》は御牧《みまき》、諸国牧《しょこくまき》、近都牧《きんとまき》に区分され、地方ごとに記載されている。御牧は勅旨牧《ちょくしまき》ともよばれる左右馬寮直轄の牧で、甲斐国（山梨県）に三カ所、武蔵国（埼玉県、東京都の大部分、神奈川県川崎市と横浜市の大部分）に四カ所、信濃国（長野県）に一六カ所、上野国（群馬県）に九カ所の計三二カ所が東日本に設置された。兵部省が所轄する諸国牧は東日本だけではなく、中四国、九州にも合計三九が設置され、その内訳は馬牧が二四カ所、牛牧が一二カ所、馬牛牧が三カ所で、牛牧の多くは西日本に設置されていた。近都牧はその名のとおり都の近郊に六牧が設置された。一〇世紀に成立した『延喜式』に記された平安時代の牧の推定地は、地形に基づいて氾濫原・三角州、島・岬《みさき》、扇状地、火山山麓、低い台地、川谷の六つに区分されている。これらの区分を見ると、河川の氾濫や土石流などの攪乱によって草原が成立しやすい河川沿いや扇状地、起伏の少ない丘陵状の山地や台地、そういった地形に隣接する場所が牧の適地として選ばれたようである。古代から中世にかけての牧の分布と黒色土（黒ボク土）の分布が一致する地域が多いため、黒色土の生成に対して牧（草原）が関与した可能性は高いと考えられる。

平安時代中期から鎌倉時代になると、ウマの生産の主体は関東から東北地方に移っていくが、牧の経営は東国武士の基盤となっていた。中世以降の馬産地として知られる糠部《ぬかのぶ》、南部地域（青森県南東部、岩手県北東部）では、江戸時代の官牧・里馬集落の分布と黒色土の分布とが非常によく対応することが指摘されている。また、これらの地域の黒色土の表層にはシバ属起源の植物珪酸体がかなりふくまれることがあり、中世以降の放牧地との関連が強いと考えられている。

中世の武士は活発に狩をおこなっていたことが、文書や絵画史料に記録されている。一一九三（建久四）年に源頼朝がおこなった富士の巻狩やそれにまつわる曽我兄弟の仇討《かたき》ちがよく知られているように、屏風絵や浮世絵の題材としても多くとりあげられている。ただし、巻狩が図様化されたのは一六世紀以降であり、江戸時代に描かれたものも多く、中世の牧や狩場の様子は、はっきりとしない。

源頼朝の富士の巻狩は、一五七九（天正七）年まで熊本県阿蘇でおこなわれていた下野狩《しものかり》神事を手本としたとされている。下野狩神事の内容、由緒などの口伝をまとめた『下野狩日記』は鎌倉から南北朝時代の神事や狩野の様子が記録された貴重な史料である。一六八四（貞享元年）年に薗井守供《そのいもりとも》が描いた『下野狩図』は、下野狩日記を基にした文書を参考にして作成されたとされるため、春先の二月卯日に盛大におこなわれていた中世の巻狩の様子を思い浮かべることができる。

同じく中世には、長野県諏訪でも盛大な御狩神事がおこなわれていた。一三五六（延文元）年に諏訪円忠が著した『諏方大明神画詞《すわだいみょうじんえことば》』には、八月末（旧暦七月末）におこなわれる諏訪大社上社の御射山《みさやま》の御狩の様子が記されている。御狩がおこなわれた八ヶ岳南西麓の原山の神野に数百騎のウマをならべ、狩をしたと記述されているため、隣接する御牧（大塩牧）をふくめると広大な草原が広がっていたであろう。また、弓弭《ゆはず》（弓の両端の弦《つる》をかけるところ）や笠の端がわずかに見えるくらい丈のある草に花々が咲いていたとあるので、草丈の高いススキや初秋に花が咲くヤナギラン、キク科の植物などが繁茂していたのかもしれない。狩装束を着た狩人を乗せた騎馬の集団が花の咲き乱れる草原をすすむ様は、美麗かつ勇壮だったにちがいない。

安土桃山時代（一五七〇年代頃）に長谷川等伯《とうはく》が描いた東京国立博物館所蔵の『牧馬図屛風』には、牧で野馬が遊ぶ様子や、捕獲される様子が描かれるだけではなく、水辺に広がる草原の様子もくわしく描かれている。右隻には、初夏の頃であろうか、マツには花をつけたフジがからみつき、シダレヤナギが風に揺られ、その下には林縁や草原に生育するヤマユリと思われる白地に紅色の斑点をつけた花が描かれている。一方、左隻には秋の草原が描かれ、水面には落葉した紅葉が漂い、赤い実をつけた高木はナナカマドであろうか、野には秋の七草と思われる花が咲き乱れている。同じく東京国立博物館が所蔵する室町時代から安土桃山時代に描かれたとされる『月次《つきなみ》風俗図屛風』には、富士の巻狩を描いた一扇がある。イノシシ・シカを追う弓をもった武士たちがウマに乗って駆け抜けるのは小松が生えたススキ草原である。このように、絵画に描かれた牧や狩場の景観は、ススキ草原にマツが疎《まば》らに生えているような状態がほとんどのようである。

ウマは騎馬としてだけではなく、輸送や情報伝達にもつかわれていた。大宝律令の厩牧令には、「須置駅条」に原則三〇里ごとに駅を置き、「置駅馬条」に大路二〇疋、中路一〇疋、小路五疋を置くことが定められた。この駅制・伝馬制《てんませい》は律令制度の崩壊とともに廃れてしまうが、戦国期には各地の大名が領内の軍事態勢、領国支配を強化するために伝馬制度を整備した。たとえば、戦国期に甲斐・信濃（山梨・長野県）を治めた武田氏は、一五四〇（天文九）年に信虎《のぶとら》が佐久海之口《さくうみのくち》に伝馬制を命じたのを皮切りに、信玄は「棒道」で知られる軍用道路と街道を整備するとともに伝馬制を充実させ、勝頼は一五七八（天正六）年頃から伝馬定書を領内各地に発して伝馬制をより推進した。こうした各地の大名が設置した伝馬制度は徳川家康に引き継がれ、江戸幕府によって五街道をはじめとする街道の整備がすすめられた。

一方、農耕用のウマは江戸時代に出版された農書類や名所図会に数多く描かれている。加賀（石川県）の土屋又三郎が一七一七（享保二）年に記した『農業図絵』、薩摩藩（鹿児島県）藩士島津重豪《しまづしげひで》が曾槃・白尾国柱《くにばしら》らに命じて編纂させた一八〇四（文化元）年の『成形図説巻之四農事部』、美濃（岐阜県）の豊田利光が一八四九（嘉永二）年に記した『善光寺道名所図会』などで、春の水田でおこなわれる刈敷や代掻《しろか》きにウマがつかわれていたことを見ることができる（図6）。また、牛馬の糞尿は田畑への肥料として重要な位置を占め、一六九七（元禄一〇）年に刊行された黒田藩（福岡県）の宮崎安貞《やすさだ》・貝原楽軒による『農業全書』の第一巻のなかでは、肥料全般をさす「糞」をつくるには柴草や藁《わら》を集め

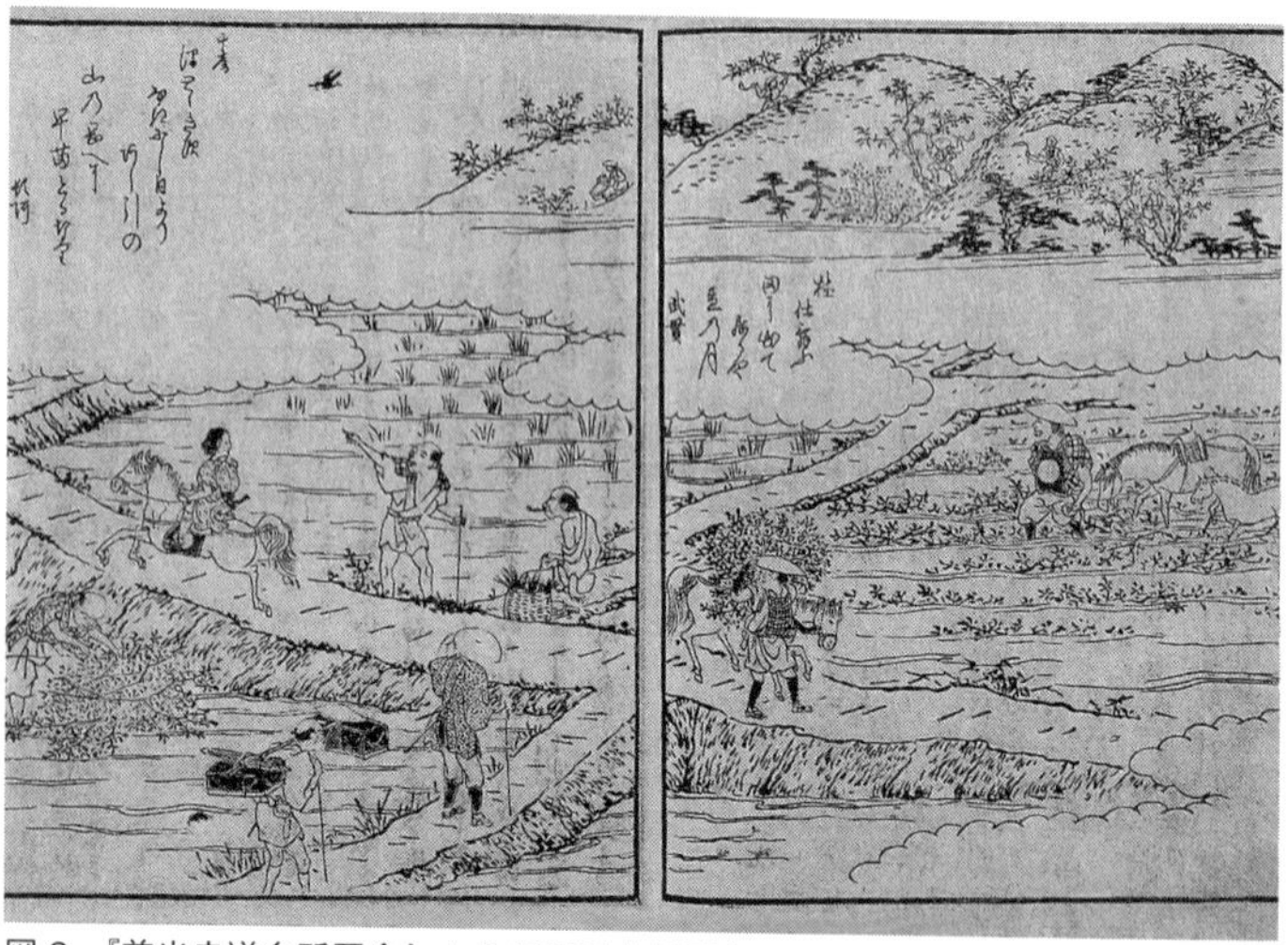

図6 『善光寺道名所図会』から長野県安曇野市あたりでおこなわれていた刈敷の様子。山で刈った柴をウマの背にのせて運び、人馬が田に踏み込んでいる様子が描かれている。

て牛馬に踏ませる（厩舎に敷くことで糞尿とまじり厩肥となる）ことを薦めている。

　次に、ウシについて見てみよう。『延喜式』に記載された官牧のなかで牛牧は西日本に多く設置されていた。一三一〇（延慶三）年に河東牧童寧直麿が編纂した『国牛十図《こくぎゅうじゅうず》』に「馬は東関をもちて先とし、牛は西国を以てもととす」とあるのは、初期に設置された牧の分布に影響されているのかもしれない。こうした配置になった理由については、牛馬を日本にもちこんだ渡来系のひとびとの分布や、中世以降東国では武士によってウマの飼育・利用がすすみ、西国では田堵《たと》とよばれる有力百姓層によるウシの農耕利用がすすんだことなどが影響しているようである。

　江戸時代に発行された街道絵の揃物《そろいもの》の傑作として知られる江戸から京都までの行程を描

いた『東海道五拾三次之内』と『木曽海道六拾九次之内』においても「東は馬、西は牛」という状況を確認できる。これらは街道絵のため、荷役としての牛馬が描かれる場合が多いが、ウシが描かれるのは東海道では「阪之下（三重県）」「大津（滋賀県）」、木曽海道では「馬籠《まごめ》駅（岐阜県）」「恵智川（滋賀県）」「大津」の五枚しかなく、比較的京都に近い宿場である。一方、殺生を禁じた仏教の影響が強くなるまでは、ウシは乳製品をふくめて食用としても利用されていたことが、『延喜式』などいくつかの史料に記されている。さらには、大宝律令の田令に「毎二町配牛一頭」とあるため、農耕にもつかわれていたことがわかる。

平安時代に都が置かれた京都では、貴族の乗り物として牛車《ぎっしゃ》がつかわれていた。牛車というと、わたしはアニメ「おじゃる丸」のまったりとした牛車が思い浮かんできてしまうのだが、『源氏物語』や『枕草子』などの文書史料にもしばしば登場し、その華麗な姿は平安時代末期から鎌倉時代の絵巻物でも目にすることができる。『枕草子』に「五月ばかりなどに山里にありく、いとをかし」とあるのは、牛車をつかうことができる道路が整備された平安京に近い山里に出かけた様子を記したのだろう。荷役としてのウシとウマとをくらべると、運搬の速度は劣るもののウシの方が重いものを運べること、荷物をのせたまま険しい道を歩くことができること、さらには隊列を組んで移動ができることから、整備されていない道や険阻な道を通行する場合、大量の荷物を輸送する場合には、ウシがつかわれることが多かったようである。江戸時代の岩手県は馬産地として知られていたが、コメ・塩・鉱石などの運搬にはウシをつかっており、岩手県が発祥とされる南部牛追い唄のなかには北上山地などの山道を越える際に

図７　室町時代から安土桃山時代に描かれたとされる『月次風俗図屏風』から第４扇。下方に牛耕の様子が描かれている。東京国立博物館蔵。

牛方たちが唄ったものもある。

鎌倉時代以降の絵巻や屏風には農耕用のウシがしばしば描かれている。一三一一（応長元）年の作とされる山口県防府《ほふ》天満宮所蔵の『紙本著色松崎天神縁起』には、犂《すき》をウシにつけて田起こしをしている様子が描かれている。また、室町時代以降に作成された『月次風俗図屏風』には田植え田楽《でんがく》をしている横でウシが代掻きをしている様子が描かれている（図７）。

一二九九（正安元）年に法眼円伊《ほうげんえんい》が制作した国宝『一遍上人絵伝（一遍聖絵）』は、踊り念仏で有名な時宗の開祖一遍上人の旅の生涯を描いた絵巻である。京都・鎌倉などの当時の中心地だけではなく、各地を遊行《ゆぎょう》した一遍上人の生涯を反映して地方の様子も描かれている。絵巻には牛馬がさまざまな場面で登場している。武士の屋敷には厩《うまや》が設けられており、騎馬姿で登場する武士も多い。京都では、牛車、荷車をひくウシ、背に荷物をのせたウシが描かれている。さて、当時馬産地で有名な信州（長野県）にある善光寺を一遍上人は二度訪れていて、二度目の訪問後に佐久地方で踊り念仏を初めて踊ったとされる。一度目の善光寺訪問である一二七一（文永八）年の春先の場面では、川を渡渉するため荷駄を負ったウマが馬方の鞭に追われているのに対して、田植え前のためか河川敷の野に放たれたウシは遊んでいるようにも見える。一二七九（弘安二）年暮れの佐久郡伴野《ともの》の市での歳末別時の場面では、耕地のまわりに垣を設け、その外で遊ぶウシの姿が描かれている。当時、村落でおこなわれた牛馬の放牧は、農閑期の田畑や河川敷、中州などを利用しており、『一遍上人絵伝』はそうした放牧の様子が描かれているのかもしれない。

一方、京都や鎌倉などの都市部で飼育されていた牛馬の飼料は、都市周辺の地域から供給されていたようである。京都では、河川沿いの牧や川辺の湿地帯に生育していた草を淀川、宇治川の水運を利用してもちこむこともおこなわれていた。このように、牛馬の飼育は放牧地や馬場だけではなく、武士や公家が所有する牛馬の飼料用の草の採取地など、都市近郊地域に草原を成立させる要因のひとつとなっていたようである。

江戸時代の森林事情

現在の日本の国土面積の半分以上を森林が占め、草原はわずかに一％あまりに過ぎないことをすでに述べた。しかし、草原の面積は現在から一〇〇年ほど前の明治後半には国土の一三％ほどを占め、江戸時代にはもっと広い範囲を占めていたと考えられている。江戸時代になると、それ以前にくらべて絵図、文書など史料の数が格段に多くなる。このため、考古学、自然科学的手法を用いて調べた過去のひとびとの営みの痕跡と、人が実際に書き残した歴史史料とを比較すれば、過去の植生、景観、それにまつわるひとびとの営みをより一層詳しく復元できると考えられる。ここでは、江戸時代に草原が広がった理由とその利用方法について考えてみる前に、江戸時代の森林事情を見てみよう。

戦国時代末期から江戸時代初期にかけて、それまでの戦乱のつづいた時期から平穏な時期へと移行したことで、日本各地で人口が急激に増加し、食糧増産のために日本各地で新田開発が活発になった。先に述べた諏訪大社上社の神野であった八ヶ岳南西麓の原山でさえも開発の対象となっている。高島藩（長野県諏訪地域）初代藩主である諏訪頼水（在位年一六〇一～一六四〇）は数年間の無年貢、諸役の永年免除、集落周囲の草地占有などの免許・定書を出して新田開発を推しすすめた。それ以降五〇年ほどの間に六〇を超える新田村が諏訪に誕生している。

戦国時代末期から江戸時代の初期にかけて、江戸をはじめとして各地の都市で城郭の建造や城下町の建設、整備がすすめられた。さらには、一六〇六（慶長一一）年頃に江戸城の造営が始まり、明暦の大火（一六五七年）後には江戸の復興対策がおこなわれた。こうした建築、土木工事の増加によって大量の木材が必要となり、日本各地の森林で大規模な伐採がおこなわれた。尾張藩の用材を供出していた木曽地域では、木曽ヒノキの伐採量がピークをむかえた一六三〇～四〇年頃には、年間の伐採量は三〇万㎥を超えていた。青森県南西部と秋田県北西部にまたがる白神山地は、純度の高い原生的なブナ林を主体とする独自の生態系が高く評価され、一九九三年に世界自然遺産に登録された。しかし、弘前藩によるスギ・ヒバ・ヒノキの乱伐がおこなわれる以前の一七世紀前半には針葉樹の群生を主としており、近世の乱伐の結果として現在のようなブナ林が広がったと考えられている。また、江戸幕府の御用材に供する目的で奥山においても短期間のうちに広範囲の森林が乱伐された地域もあったようである。

つまり、新田開発がおこなわれるような集落に比較的近い里山だけではなく、城郭や武家屋敷の用材となる大径木を産出する奥山・深山まで、江戸時代初期においては森林が伐採された範囲は非常に広かったのである。荒廃した山の状態は、岡山藩の熊沢蕃山が「天下の山林十に八尽く」、八代将軍吉宗に登用された武蔵国の田中丘隅《きゅうぐ》が「諸国の村里を歴覧するに山林の茂りたるは稀也（中略）木立物ふりたるは皆御林か又は社地・寺院の分にて百姓所持の分に目に立つ程の山林は稀也」と記している。こうした山林の荒廃は結果として各地に土砂災害をもたらしたようである。

このような状態に対して幕府、各藩はただ手をこまぬいていたわけではなく、状況を打開するためにさまざまな対策を講じた。それを代表するのが、一六六六（寛文六）年に江戸幕府が示した『諸国山川掟』である。この制度は、はげ山が広範囲に分布し、河川の水位がまわりの土地よりも高い天井川が顕著であった京都周辺の諸藩が対象となっていたようである。この制度では草木の根の掘り取りが禁じられた。草木の根まで掘ってしまうとは、誇張されているように感じられるかもしれないが、第二次世界大戦中にもマツの根から松根油の精製が試みられたように、樹脂をたっぷりふくんだマツの根株である肥松は燃料、灯火として古くから利用されていた（図8）。たとえば、一六八四（貞享元）年に岡山藩

図８　マツ林の林床でおこなわれていた落ち葉かきの様子（明治末から大正頃に撮影）（Weston, 1922)。林床では地面とマツの根ががむきだしになっており、強度に落ち葉かきがおこなわれていたことを示している。同じときに撮影されたと思われる別の写真には、切り取られたマツの根の断面が写っているため、松根油もとっていたのかもしれない。

でもマツの根株の採取によって山が荒れたことが問題にされている。おそらく、急激に人口が増加した江戸時代のはじめには燃料の需要も増加したのであろう。一般的には草の根が土壌の表面侵食、樹木の根が崩壊の発生をそれぞれ抑止していると考えられるため、草木の根の採取が江戸時代前期に生じた土壌侵食や崩壊の要因になった可能性が高い。いずれにせよ畿内では、山地からの土砂流出を防ぐため、流域での植林がすすめられるとともに、草木の根の掘り取り、新規の田畑の開墾、新規の焼畑が禁じられたのである。こうした状況は畿内や瀬戸内だけではなく日本各地で認められており、長野県諏訪地域の小村でも「大雨の度に村内の河川から土砂が流出して天竜川の河床が高まっている」という届出が出されている。また、静岡県大井川流域では、一六九二（元禄五）年から一七〇〇（元禄一三）年にかけて源頭部で大面積の森林が乱伐され、一七〇〇年以降の大井川下流部の扇状地、平野部で生じた洪水の頻発、大規模化との関係が指摘されている。

土砂災害対策として山林を整備するとともに、一七世紀から一八世紀にかけては、幕府、各藩ともに枯渇した森林資源を回復させ、持続的な運用をめざした林業政策がすすめられた。手始めに森林の伐採などを禁じた御留山《おとめやま》の指定がおこなわれたようである。広島藩では一六三一（寛永八）年に留山を「御建山《おたてやま》」と「御留山」とに区分した。尾張藩では木曽地域において大径木の禁伐が一四カ所で一六四四（寛永二一）年に指定され、一六六五（寛文五）年には封鎖林として「木一本首一つ」で知られるきびしい留山制度が実施された。秋田藩では一六六一〜八一年（寛文・延宝期）に御留山の制度化がすすめられ、あとにはよりきびしい禁伐を定めた御札山が指定された。

同じ頃、農民たちのあいだでは、山野の所有、資源の利用をめぐる争いが日本各地で頻発した。評定がなかなか決着しない争いも多く、最終的には江戸幕府の評定所にまでもちこまれて裁許がおこなわれた。幕府が有する裁許絵図の目録を整理すると、争論の半数以上が山論《さんろん》・野論・樹木論といった山野の資源利用に関するもので、その件数は一六八〇〜九〇年代をピークとして一七世紀後半から一八世紀前半に集中している。こうした背景には、もともと草肥や秣の採取地として利用されていた場所が新田開発によって失われたため、村境、郡境、国境付近などひとつの村だけで管理できない境界周辺に新たな草の採取地を求めざるを得なかったことや、耕地面積が拡大したために肥料となる草がより大量に必要になったことがあげられる。

当時、松本藩（長野県）でおこなわれていた草肥の必要量は水田一反あたり一五〜三五駄、畑一反あたり一五駄程度、長野県伊那谷では三〇駄程度であった。耕地一反（約一〇a）あたりに必要な草肥の量を二〇駄とすると、一駄（二六〜三〇貫＝一〇〇〜一一〇kg）の採草に必要な山野の面積は五〜六畝《うね》（一〇畝＝一反）とされることから、面積一反の耕地に草肥を投入するには一〇〜一二反の山野面積が必要であると計算される。一方、農家一戸あたりの薪炭消費量は年間二〇〜三〇駄とされていることから、薪炭採取のための灌木林（柴山）もある程度の面積が必要とされた。また、江戸時代の村落には農耕用・荷役用・伝馬用の牛馬も飼育されており、伊那谷では馬一頭に必要な採草地面積は二町（約二ha）程度と見積もられている。さらには、屋根をふくためのカヤ場も設けられていた場所もあるだろう。以上のように、江戸時代の農村で暮らすには、広大な面積の草原的環境が必要であったのである。

正保国絵図に見る日本各地の山の状況

江戸幕府は各国を統制するため、各国に対して国絵図と土地台帳である郷帳とをセットにして作成・提出させる事業を四回おこなった。このうち、一六四四（正保元）年に開始された正保国絵図事業は、絵図の縮尺を六寸一里（二万一六〇〇分の一）に定めるなど規格の全国的な統一が図られたほか、陸路・海路を絵図に記載させるだけではなく、城絵図・道帳も提出させており、三代将軍家光、幕府が軍事的観点を重視していたことがわかる。城絵図の提出が、正保期が最初で最後だったのは、この時期には各地の城郭の建設、城下町の初期の整備がほぼ完了していたことを示し、木曽地域など多くの地域で森林の伐採量が減少し始めた時期に一致する。

正保国絵図と郷帳の作成に際して、幕府は山の状態を国絵図と郷帳に記載することを指示した。作成マニュアルである一二月二五日付の『国絵図仕様覚書』には、「絵図・帳共ニ村ニ付候はヘ山並芝山有之所ハ書付候事」「絵図に山木の書様色々之事」などとある。このため、正保国絵図と郷帳とをあわせて用いることで、江戸時代前期における日本各地の山の植生を大まかに復元することが可能となったのである。幕府に提出された正保期の国絵図と郷帳は、度重なる火災によってほとんど残っていないが、各藩にその元図・控え・写しが残っていて、現在一部のものについてはデジタル・アーカイブや書籍などで確認することができる。なお、江戸時代の国絵図をつかって植生を復元する際には、完成図となる

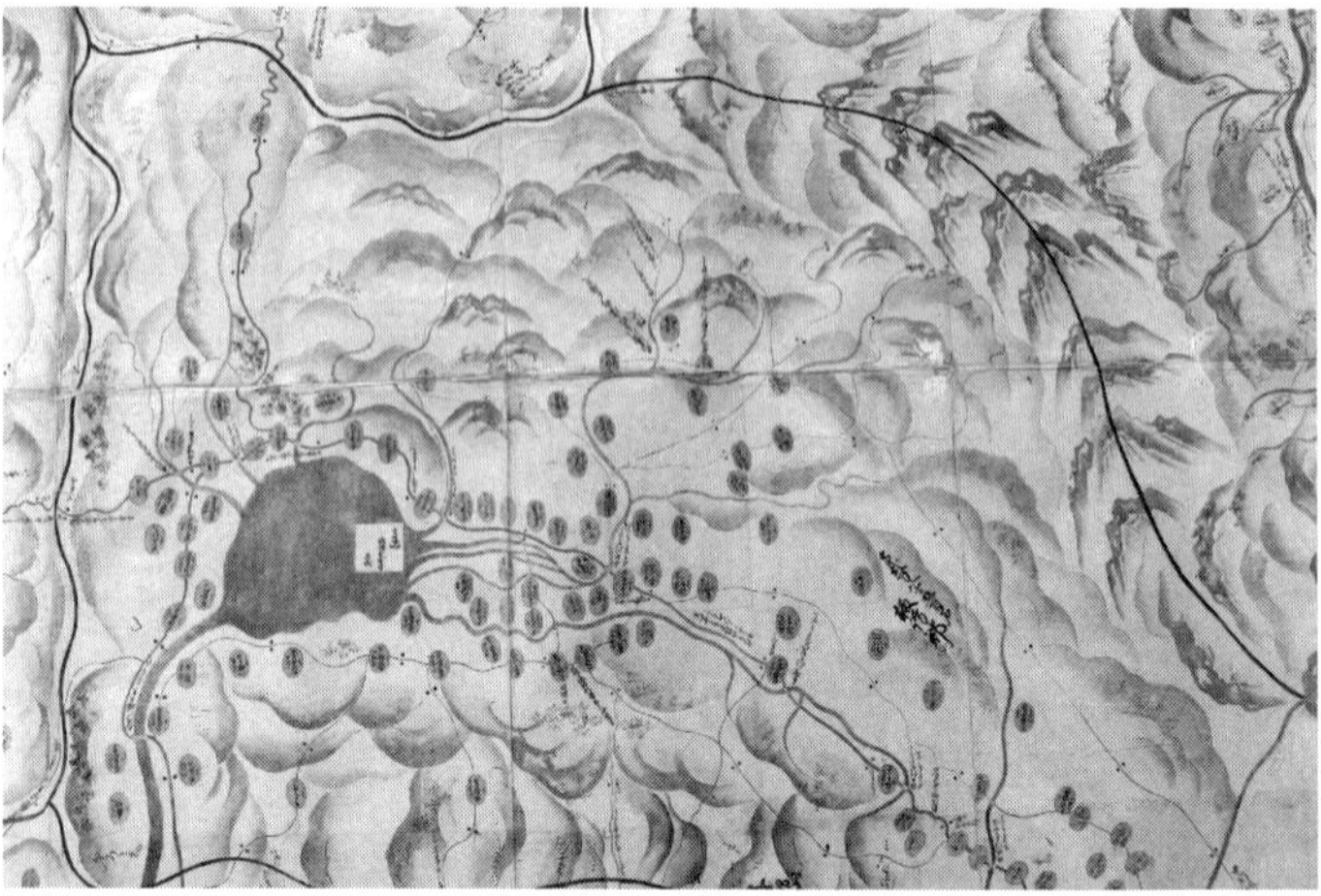

図９　正保信濃国絵図（上田市立博物館蔵）より、諏訪湖から八ヶ岳にかけての諏訪郡内の部分。薄墨、茶色で着色された草山系の山々が多い。樹木が描かれるのは、郷帳に「はへ山」と記載される場所と、諏訪大社のような社寺林に限られている。

清図《せいず》では表現を統一するための記号化や簡略化がおこなわれているため、下書きや内見図の方が国絵図に樹種名などが直接書き込まれるなど景観に関する情報量が多い。正保信濃国絵図（長野県）の下絵図ともされる飯田藩の『信州伊那郡之絵図』や松本藩の『信州筑摩郡・安曇郡画図』は植生に関する書き込みが多く、資料性の高い貴重な絵図である。こうした国絵図類は広げるのも一苦労するくらいの大きさをしていて、折り畳みながら閲覧しなくてはならないこともしばしばあるが、その分当時の景観を読み取るには便利である（図9）。

正保郷帳の山の状態の記載や正保国絵図の描写を用いて、江戸時代前期における植生景観が復元されている。

郷帳に記載された山の植生区分が統一され

ていないため、水本邦彦は、草山（ススキ・チガヤ・ササなど）、芝山（シバ）、柴山（ハギ　アセビ・山ツツジ・小松など低木類）、木山・はへ山（高木や自然林など）のように、ある程度樹種を推定して、「草柴系」「草木混在系」「雑木系」の三つに区分した。河内国《かわちのくに》（大阪府）・阿波国《あわのくに》（徳島県）・越中国《えっちゅうのくに》（富山県）・陸奥国（福島県）・信濃国（長野県）の郷帳に記載された村ごとの山の植生を整理した結果、草柴系が約五八％を占め、草木混在系も合わせると七九％を占めており、草原的な環境を呈する山をもつ村が各地に広がっていたようである。

国絵図の描写と郷帳の記載とをくらべてみると、現在の地形図上の場所を正確に比定することはできないが、国絵図の描写は郷帳の記載を反映しているようである。草柴系の山は薄緑や茶褐色で色づけされるのに対して、あとに御林《おはやし》・御立山（藩有林）に指定されるような森林が存在していた木山系の山は濃緑色で色づけされたり、樹木群が描かれたりしている（図9）。一方、地形や集落の分布に着目して絵図を眺めてみると、国境や郡境となる脊梁《せきりょう》山地のような奥山には樹木群が描かれることが多いのに対して、集落が多く分布する沿岸部や河川沿いの平地に隣接する山やまは社寺林を除くと草柴系を示す薄緑や茶褐色で色づけされていることが多い（図9）。

村絵図などに見る江戸時代の山の状況

江戸時代の半ば頃になると、村絵図の作成がさかんになった。先に述べた山論の裁許絵図のような訴訟に関するものなど、さまざまな目的で村絵図は作成された。現在の市町村域よりも狭い範囲を対象にして描かれた村絵図は、作成当時の景観、土地利用などが、広い範囲を対象にした国絵図よりもくわしく描かれている。また、長期にわたって複数の村絵図がつくられている地域もあり、こうした村絵図を時系列順にならべて比較すれば、集落の拡大や縮小、土地利用などさまざまな変化を把握することができる。村絵図が作成され始めた頃は、見取り図のような縮尺や方位が正確ではないものも多い。しかし、検地、国・郡境論、山論、水論に関する図では境界を確定しなくてはならないため、測量技術の向上、測量用具の改良がすすめられ、時を経るほどに現在の地図に近い精度の高い絵図がつくられている。

最近では、複製された村絵図を片手に街歩きや名所めぐりをするようなツアーが各地でおこなわれるようになっているので、こうしたツアーに参加して江戸時代の景観を想像しながら歩いてみるのもよいだろう。

山口県文書館が所蔵する『地下《じげ》上申《じょうしん》絵図《えず》』は、享保期以降に萩藩（山口県）絵図方が作成した一村限明細絵図の総称で、各村の役人から絵図方に提出された下絵図である『地下図《じげず》（地下絵図）』と地下図を基に絵図方が清書した『清図（清書絵図）』とともに、同時に作成された村明細書である『地下上申』も残っていて、地下図と清図との描写のちがいや、絵図と明細書の記述とを比較することができる。同じ頃、高島藩においても、各村から提出させた下絵を基にして二、三人の絵師に清書させた一村限明細絵図である『諏訪藩主手元絵図』（長野県立歴史館蔵）がつくられていて、当時の景観を把握するのに有効な史料となっている。

これらの村絵図の山の状態を確認してみると、藩有林や幕府直轄林である御林や御立山には樹木が描かれることが多く、地下上申絵図などのように高札《こうさつ》が描かれることもある。地下上申絵図では、記号化がすすめられた清図では樹種を識別することができないが、地下図では針葉樹類、マツ、広葉樹類、タケなどが描き分けられていたり、文字による注記がされていたりしていて、村明細書である地下上申に記載された内容と比較することも可能である。一方、『諏訪藩主手元絵図』では、森林のあった場所には記号化された樹木が複数描かれるほか「御林」「百姓林」などの種別が文字で注記される。また、社寺林・御神木・街道松のようなランドマーク的な樹木はスギ・モミ・マツ・広葉樹類などの樹種が描き分けられている。しかし、こうした樹木が数多く描かれる山は、奥山に隣接するような村を除いてしまうと、かなり少ない。大部分の山は淡緑色、薄茶色で彩色され、場所によっては山肌に灌木類を示すような墨の斑点や、草を示すような縦筋が描かれる。また、こうした場所には、「野山《のやま》」「山野《さんや》」「入会《いりあい》」「入相《いりあい》」などといった草肥・秣・カヤの採取地である入会地の草原であったことを示す文字が記載されることも多い。

ちょうどその頃、各藩では林野制度の整備をすすめ、所有者や用途別に森林を区分し、御林などでは境改をおこなうとともに、山絵図や根帳を作成した。萩藩、広島藩などでは共有の入会地を「山野」「野山」とよび、農民の草下木の採取を認めていた。入会地の取り扱いに関しては、村定・村掟などとよばれる規則が村内や村間で取り決められた。こうした規則がしばしば破られて争論になっていたことは、都道府県や市町村区が編纂した地方史誌類が、近世の山論にかなりのページを費やしていることからもわかる。また、江戸時代後期になると、地誌書や要覧が数多くつくられ、萩藩が作成した『防長風土記注進案』や『郡中大略』には「肥下草多少之事」といった項目が設けられ、村内の肥料事情がくわしく記載されている。これらのことは、江戸時代の農民にとって、田畑へ投入する主要な肥料となっていた草肥を安定的に確保することが、死活問題であったことを示している。

絵画史料・文書史料に見る江戸時代の山の状況

江戸時代も半ばを過ぎると、伊勢神宮への参詣である「おかげ参り」に代表される庶民の旅がさかんになり、それに合わせるように道中記、名所図会、名所絵の出版もさかんになった。こうした出版物には、街道や名所の様子が文章、挿絵でもくわしく解説されていている。小椋純一は、『洛中洛外図』（一六世紀初期〜中期）、『洛外図』（一六六〇年頃）、『華洛一覧図』（一八〇八〈文化五〉年）、『帝都雅景一覧前編・後編』（前編、一八〇九〈文化六〉年。後編、一八一六〈文化一三〉年）、『再撰花洛名勝図会』（一八六二〈文久二〉年）など複数の絵画史料と明治期の古写真・地形図を用いて、京都近郊の山やまの過去の植生景観の変遷を精力的に研究している。これらの研究によると、室町後期から明治にかけての京都近郊の山やまは、社寺周辺を除くと高木が少なく、そのほとんどが草本・低木類からなる柴草山となっていて、はげ山に近い場所もあった。また、現在は照葉樹林が主体となっている京都の鎮守の杜も、かつてはマツやスギなどの針葉樹が重要な樹木として多く存在していた。

歌川広重の代表作である江戸日本橋から京都までの『東海道五拾三次之内』（一八三三〈天保四〉～一八三六〈天保七〉年頃）、渓斎英泉と歌川広重合作である江戸日本橋から大津までの『木曽海道六拾九次之内』（一八三五〈天保六〉～一八三九〈天保一〇〉年頃）は、当時の宿場・風景・世俗などが生き生きと描かれた名所絵の揃物である。名所絵はそれ以前に描かれた有名な絵画を参照して描かれることも多いが、実際に木曽街道・甲州街道・東海道など多くの街道を歩いた〝旅する画家〟として知られる広重は、自身のスケッチ帖の図柄を見ると実際にデッサンした絵を基にして描いた作品も多い。こうしたこともあって、広重の名所絵は景観分析に用いられることが多く、江戸時代の都市・農村景観などを復元する際にも一役買っている。萩島哲らの研究によると、『東海道五拾三次之内』と『木曽海道六拾九次之内』に描かれた樹木を分類した結果、二九種の樹木が識別され、針葉樹ではアカマツ・クロマツ、常緑広葉樹ではスダジイ・アラカシ、落葉広葉樹ではコナラが多い。マツは街道を整備する際に道松として植えられ、松並木となっていた場所も多かったため、街道を題材とした名所絵である揃物ではマツ類が多く描かれたようである。一方、近景、中景に描かれた山やまの山肌を見てみると、草原もしくは斑点で表現されるような灌木類が疎らな状態で描かれ、時には裸地を示すような黄色・茶色で色づけされている（口絵③～⑤）。なお、江戸時代の実景をより正確に復元するには、口絵③～⑤に示した長野県塩尻峠の例のように、同じ場所を描いた絵画資料をできるだけ多く集めて、その描写を比較するとよい。

名所絵のなかの山の描写が誇張されているのではないか、と疑問をもたれるかもしれないので、文書史料の内容も確認してみよう。江戸出身の文人、歌人である大田南畝《なんぽ》が、大坂での仕事を終え、江戸に帰る中山道の道中の様子を綴った一八〇二（享和二）年の『壬戌紀行《じんじゅつ》』のなかから、山の様子を抜き出してみよう。近江（滋賀県）付近では「左右に兀山《はげやま》ある中をゆくに」などはげ山・松林・松並木の記述が多い。木曽路に入ると木曽谷の谷が深く展望が利かないためか「大石がある」「地形が嶮《けわ》しい」「ツツジやフジの花が咲いている」「竹林がある」などと記しているが、山の植生はよくわからない。木曽路を抜けると、桔梗《ききょう》ヶ原、いの字山、塩尻峠、和田峠、浅間山山麓にかけて芝山・芝原・笹に関する記述が多くなる。碓氷《うすい》峠を下って関東平野に入ると、中山道の周囲には麦畑が広がり、桑の垣根などが記される。樹木の記載で目立つのは安中宿《あんなかしゅく》（群馬県安中市）の西にあった原市の杉並木（当時はヒノキも多かったようである）くらいである。このように、山間部を通過していた中山道においても、木曽路以外の場所では草原的な景観が広がっていたようである。また、尾張藩の岡田善九郎による木曽谷の視察報告書である一八三八（天保九）年『木曽巡行記』には、奈川村《ながわむら》（長野県松本市）は「山は数年来伐り荒し禿山多く」、黒川村（長野県木曽町）は「この辺左右栗・そための木まばらにありて禿山多し」（「そため」はナラの実のこと）とある。このように、山深いことで知られる木曽においてもはげ山となっていた場所があったのである。

一八〇二（享和二）年に出版された谷文晁《たにぶんちょう》の『名山図譜』は、日本各地の山やまが八七座八八図描かれ、その後二図が追加されて『日本名山図会』と改題して一八一二（文化九）年に出版された（口絵③）。文晁は旅好き、山好きで知られ、旅に出かける度に旅先で山のスケッチをしていたようである。

広角の風景を和綴じ見開き二頁に収め、構成を面白くするために、ちょっとした合景や誇張表現がされているものの、数枚を除いて文晁自身が目にした山やまの姿を描いたとされている。シーボルトがオランダに持ち帰った初版本の『名山図譜』は手彩色されているため、当時の名山の様子をより鮮明に想像することができる。一六一八（元和四）年から植林がすすめられ、その後天領となった滋賀県の三上山は、松尾芭蕉らの句から寛保年代（一七四一～四四年）には森林となっていたことがわかる。文晁が描いた三上山も樹木を示す描き込みと、濃緑色で色づけされているため、一八〇〇年頃も森林であったことがわかる。こうした山がある一方で、中景・近景となっていた集落近くのいわゆる里山は、屋敷林やその背後の山麓部には薪炭林（農用林）のような樹木が描かれるが、ほとんどの山肌は草原を示すような薄緑で着色され、裸地を表現するような茶褐色で着色される場所もかなり多い。

文晁が描いた山やまをできるだけ文晁と同じ構図・視点で写真に収めることを試みた三宅修は、『現代日本名山図会』のなかで江戸時代と同じような構図が得られるポイントを探し出す苦労を記している。三宅の苦労の原因のひとつが、大きく育った樹林の枝葉によって視界が妨げられたことだった。文晁が諸国の名山を眺めた場所では、江戸時代には眺望を遮るような大きな樹木は少なかったため、今よりも簡単に名山の姿を眺めることができたのだろう。江戸時代の日本列島は、本章の題名どおりまさに「眺めがよかった」のである。

幕末から明治にかけての山の風景

幕末になって鎖国から開国へと幕府の政策が方針転換されると、海外からさまざまなひとや技術が日本国内に流入した。そのひとつである写真は、一八四八（嘉永元）年に長崎に上陸し、その後、横浜、長崎などの開港地に写真館が開かれたことによって、次第に一般化していったようである。写真は絵画とは異なり、誇張がなく、実景を写し取るため、過去の景観を復元するにあたってはより有効な手段となる。つまり、古写真は、幕末に描かれた浮世絵などの絵画の描写と比較することで、景観に関する絵画の資料性を高める際にもつかうことができるのである（口絵③〜⑧）。

一方、幕末から明治にかけて来日した外国人は、日本人が見過ごしがちな日常的な風景を日記や旅行記などに書き記すだけではなく、スケッチや写真などをまじえて記録していることも多い。たとえば、イギリスの旅行家、博物学者ヘンリー・ギルマールは、一八八二〜八三（明治一五〜一六）年にかけて日本を訪れ、同行の写真師臼井秀三郎に多くの場所で写真を撮影させた。明治期に撮影された写真は、撮影者や撮影された時期などがはっきりしないことが多いが、ギルマールはくわしく旅行日誌をつけていたため、撮影年月日をほぼ正確に把握することができる。

古写真に写る幕末から明治初期にかけての山は、街道沿いの宿場や景勝地の背景として記録され、有名な名所絵とほぼ同じ構図で撮影されることも多い。先に述べたように、浮世絵では街道沿いの峠道な

図10　稲刈りの様子だけではなく、遠景の山肌に注目してみると、濃い色をした森林と思われる場所よりも、薄い色の草原と思われる場所が多い。日下部金兵衛撮影。

どの山肌は岩がむきだしになった裸地のように描かれていることも多い。日下部金兵衛らが撮影した街道の古写真（口絵⑥）には、道沿いの斜面に裸地や草原が写っていることが多く、浮世絵の表現が誇張されたものではないことがわかる。遠景に写る山やまもまた、緑豊かな森林というよりは、草地や灌木が広がる山肌となっていることが多い（図10、図11）。街道沿いで目立つ樹木は、街道の脇に仕立てられたスギやマツの並木、集落周囲の屋敷林、社寺林である。山麓部にしばしば認められる森林は、林業分野でいうところのいわゆる農用林として仕立てられた私有林や村有林であろうか。

　明治政府は全国を対象にした官撰地誌である『皇国地誌』の編集を一八七五（明治

図11　静岡県富士市柏原あたり、現在の東海道新幹線沿線あたりから撮影した写真。宝永火口もよく見える。もう少し南の湿地帯から富士山を撮影した写真も多くある。中景の山肌が薄い色をした、草原のような景観を呈している。撮影者不明。

八）年に始めた。村、郡ごとにそれぞれの地誌を調査させ、その結果を各府県が取りまとめて提出することが通達されたため、皇国地誌は郡村誌ともよばれている。中央に提出された郡村誌は東京帝国大学附属図書館に保管されていたが、関東大震災の際にほとんどが焼失してしまった。ただし、各地に残されていた控えは後に『武蔵国郡誌』『東京府誌』『長野県町村誌』『京都府地誌』『日向地誌』などとして刊行され、明治初期の各地の様子を把握することができる。明治初期の山の景観を推定する際には、一八七五（明治八）年六月五日太政官達第九七号に示された調査項目である山、森林、原野、牧場、名勝などに記載された内容が参考となる。調査項目として原野があげられていることは、明治時代初頭には原野（草地）が土地利用区分のひとつとして重要な位置を占めていたことを示している。

これらの文書に記載された植生に関する内容を確認した研究によると、奥山にあたるような場所や江戸時代に藩有林となっていた場所を除くと、草原もしくは灌木が疎らに生えるような植生が広範囲に広がっていたことがわかる。

また、一九〇九（明治四二）年に発行された長野県を題材にして詠まれた和歌と名所旧跡の解説をまとめた『科野《しなの》名所集』には、原野が項目のひとつに掲げられ、県内一〇カ所の原野の考証が掲載されていた。つまり、明治時代には草原が広がる風景が普通であり、ひとびとの心象風景のひとつとして原野が認識されていたのであろう。

明治政府は国内を統制するために全国の地図の作成をすすめた。このうち、一八八〇～一八八六（明治一三～一九）年にかけて作成された関東平野周辺を対象にした『迅速測図原図』は、フランス式の華麗、繊細な手彩色が施された二万分の一地形図である。関西では、一八八四（明治一七）年から一八九〇（明治二三）年にかけて『京阪地方仮製（准正式）二万分一地形図』が作成され、一般には仮製地形図として知られている。どちらも植生に関して樹種や大きさなどを細かく区分して記載しているため、当時の山の状態を把握するための有効な資料となっている。なお、『迅速測図原図』は、農業環境技術研究所のホームページ『歴史的農業環境閲覧システム』で閲覧することができ、現在の地形図、土地利用図との比較も簡単におこなうことができる。

全国規模での地形図の整備は、一八九〇（明治二三）年に財政・技術上の問題などから基本図の縮尺が五万分の一に改められ、一九二四（大正一三）年に一部の離島を除いて全国の測量が完了した。この五万分の一地形図に記載された植生や土地利用に関する地図記号を読み取り、後に発行された地形図と時系列に沿って比較することにより、明治・大正期以降の日本全国の植生、土地利用の変遷をあきらかにすることもできる。最近では、旧版地形図の記載内容を地理情報システム（ＧＩＳ：Geographic Information System）化して、最近二〇〇～一〇〇年程度のあいだでの植生や土地利用の変化、面積の変化などをあきらかにする研究が各地でおこなわれている。福岡県太宰府市、広島県南西部、長野県長野市、茨城県南西部を対象にした研究結果によると、いずれの地域も明治から大正にかけては現在よりもはるかに広い面積を荒地・原野が占めていたことがわかる。これには、江戸時代におこなわれていた草肥を得るための草木の採取が、明治時代以降も継続していたことがあげられる。干鰯・油粕・大豆粕などの金肥の利用と化学肥料の導入がすすむにつれて、草肥の利用は次第に減少していく。しかし、第二次世界大戦中は、原料の極端な不足と度重なる空襲による工場の被災によって化学肥料の生産は著しく減り、肥料不足となった。当時の新聞やグラフ誌の記事を読むと、こうした状況を打開するために、草肥への依存度が再び高まったことを確認することができる。第二次世界大戦後においても、化学肥料の使用が一般に普及する昭和三〇年代頃まで草肥が肥料の主体となっていた地域もあったようである。

また、明治時代に原野が広がった理由のひとつとして、明治政府が推進した殖産興業政策もあげられる。この政策により製糸業・製鉄業・鉱山開発などの振興がすすめられ、動力源となる燃料の確保が求められた。一九〇四～一九〇五（明治三七～三八）年の日露戦争以降に石炭が燃料の主流となるまで燃料の主体となっていたのは薪炭で、明治初期には九〇%ほどを占めていた。一八八四（明治一七）年におこなわれた各府県の山林の実情報告によると、当時の「山林衰退資源欠乏」にいたった要因として、旧藩林制の弛緩、鉱工業・陶業の発達、材価（薪炭材）の高騰による濫伐、土木・建築用材の需要増大など、殖産興業政策を反映したものが多くあげられている。明治期の最大の輸出品目であった生糸の生産の多くを担っていた長野県・群馬県・山梨県の三県は、民有林衰退の要因として製糸・養蚕に関連した薪炭、建築用材の需要急増、桑園《そうえん》化をあげており、日本各地の製糸業・養蚕のさかんな地域では似たような状況になっていたと考えられる。

製糸業がさかんだった長野県諏訪地域の民有林の状況を当時の統計資料から見てみると、山林に区分された場所においても伐採直後と思われる無立木地が一五%ほどを占めていたことがわかる。これに、草肥用の草の採取地であった原野の面積を加えると、諏訪地域の民有林面積の七割以上が草原的な環境になっていた。また、立木地に生育していた樹種は、針葉樹ではアカマツ・カラマツ、広葉樹ではナラ類が多いことから、薪炭用の材を得るための育林がおこなわれていたようである。しかし、薪炭材の不足が常態化していたため、官有林・御料林の払下げによってどうにかまかなっており、植林事業がすすめられていたにもかかわらず、民有林の荒廃した状況は改善されなかった。一九〇〇（明治三三）年頃には諏訪地域だけで薪炭材をまかなうことができなくなり、周辺の郡だけではなく、他府県から移入されるようになっていたようである。その後、篠ノ井線、中央線といった鉄道の敷設により高騰した薪炭よりも安価に石炭が得られるようになり、石炭を利用する機械の施設整備がすすみ、日露戦争以降は石炭・電力へのエネルギーへの転換がすすんだ。諏訪地方を写した明治初期に撮影された写真（口絵⑥）と大正から昭和初期にかけて発行された絵葉書（口絵⑦）の植生を比べてみると、どちらも草原に灌木が混じるような状態で、ほとんど変わらない。このため、エネルギー転換後も諏訪地方の荒廃した山の状況は改善されないままだったと考えられる。

イギリスの外交官であるアーネスト・サトウは、第一章でも紹介されているように、この頃の諏訪地域の景観を日記や旅行案内に記している。それらのなかでは、官有林以外の場所には森林がなく、樹木のほとんどない草原的な景観が広がり、場所によっては「牧歌的」「イギリスの風致地区に類似」「最高部から展望は極めて広大」などと記している。また、八ヶ岳の南西麓部で植林がすすめられていたことや、大規模な森林伐採がおこなわれた背景には石灰焼き（石灰岩を高温で焼いた「生石灰」に水を加えて製造するいわゆる「消石灰」のこと。漆喰や土壌改良につかわれた）につかうための薪炭材の採取があったのではないか、と鋭い指摘をしている。

ひとの営みと草原――つかいながら守る

以上述べてきたように、今からほんの一〇〇年ほど前には、現在からは想像ができないほどの広さの草原的な景観が日本各地に広がっていたのである。そして、第二次世界大戦後の高度経済成長がすすみつつあった昭和三〇年代頃までは、そうした景観、またそれを維持するようなひとびとの営みが日常としておこなわれていた地域があったことが、第二次世界大戦直後に米軍が撮影した空中写真や、本書第一章・第三章もふくめ、日本各地でおこなわれている里地・里山に関する数多くの研究から読み取ることができる。

街で生活をしていると、店舗が変わったり、建物が建て変わったりした際に、その前は何の店舗・建物だったのかを思い出すのに一苦労することがある。ひとの利用の仕方の変化とともに姿を変えていく山の景観もそれと同じで、生活に密着していなければ、姿を変えていることに気がつかないことがあるのかもしれない。それは、現在のわたしたちの生活とわたしたちの先祖が過去におこなってきた生活が大きく異なることに起因しているのかもしれない。完新世の温暖な気候のなかで、本来は大きく縮小するはずだった日本の草原は、縄文時代以降のひとびとの生活の変化に合わせて、組成を変え、面積を拡大・縮小しながら現在まで成立してきた。自然の推移にまかせてこのまま森林へ導くという判断もある。しかし、意図してはいなかったが、半自然草原をふくめてモザイク状の多様な立地をもつ里山が多くの生物を育んできたのもまた事実である。

「つかいながら守る」というような考え方が必要なのかもしれない。現在の取り組み、これからの取り組みについては、一九九五年からおこなわれている全国草原サミット・シンポジウム（第一回は全国野焼きシンポジウム・全国野焼きサミットという名称で大分県久住町《くじゅうまち》〈現竹田市〉で開催された）などで、情報の発信・共有が図られている。こうした取り組みを継続することによって、これからの草原との付き合い方、そこにすむ生物の保全の仕方を明確にしていくことができるのではないだろうか。

第三章　畦《あぜ》の上の草原

――里草地《さとくさち》

丑丸　敦史

最も身近な草地《そうち》――子どもの遊び場だった畦

　昭和の中頃まで、野球ができる公園やグランドなどは田舎ではまだ少なかった。そのため生きものであふれていた田んぼや畦は子どもにとって貴重な遊び場であり、いつも子どもたちのにぎやかな声が聞こえる場所であった。群馬県の田舎で育ったわたしは、春から夏は田んぼへ出かけては、畦の草地でカエルやバッタを獲り、田んぼでタニシを獲り、田んぼのあいだを流れる水路（わたしの郷里では〝みぞ〟とよんでいた）ではドジョウやエビを獲ったりした。また、動物の姿が見えなくなる秋から冬にかけてはイネの刈り取られた田んぼで野球をしたり、畦の上を段ボールですべってみたりと年がら年中田んぼの周辺で遊んでいた。畦の草地は遊び場かつ田んぼへの道としてずいぶん利用した。畦の上では寝そべったり、膝をついたりもするので、家に戻るとズボンの膝小僧のところがいつも草の緑色に染まっていて、親に嫌な顔をされたものだ。学校の往復も舗装された道をつかわず、わざわざ畦の上を歩いて通うこともあった。

生活のなかでも畦の草地を利用することが多かった。わたしの実家では長年ウサギを飼っていた。わたしはウサギの世話役だったので、鎌《かま》を片手に家の前の田んぼの畦で草を刈ってはウサギに与えていた。時にはウサギをつれて田んぼへ行き、畦で放し、好きなように草を食べさせたりもした。当時は、草の種類はほとんどわからなかったが、ウサギはスイバを好んで食べていたのをおぼえている。また、春にはセリを摘んだり、ヨモギやノビルをとったり野草を採集するのも子どもの仕事だった。ネギの仲間のノビルは葉の部分をインスタントラーメンの具にして、ぽこっと膨らんだむかごの部分はゆでて味噌をつけて食べると結構美味しかった。

このような経験はわたしだけがしたものではないだろう。かつて畦は子どもの日常とさまざまな関係をもった景観であった。しかし、近頃では調査で田んぼへ出かけていっても畦で虫やカエルを獲ったりして遊ぶ子どもの姿を見ることはほとんどなく、少し残念な思いがしている。昔ながらの里山的な景観が残る地域に行っても、子どもは家のなかや公園で遊んで、田んぼに行かないという。なぜ子どもが畦から離れてしまったのだろうか。公園が整備されたことやテレビゲーム・携帯型ゲームが普及したことが理由かもしれないが、わたしは田んぼや畦の生きものが近年減ってしまったことも畦から子どもを遠ざけた理由のひとつではないかと考えている。

この第三章では、かつて日本各地の畦の上にあった草地の風景とはどのようなものだったのか、阿蘇《あそ》や霧ヶ峰などの広大な半自然草地と畦の草地はどのように関係しているのか、なぜかつてはどこの畦でも見られた生物が日本中で減少してしまっているのかについて紹介し、今後、畦に暮らす生物を守り、復活させるにはどうしたらよいのかについて考えてみたい。

畦上の半自然草地――里草地

畦の上の草地は人が管理することによって維持される半自然草地である（図1）。棚田《たなだ》においては法面部分を畦畔草地《けいはんそうち》とよぶことが多いが、ここでは畦上の草地をレッドデータブック近畿2001にあることばを借りて里草地《さとくさち》とよぶことにしたい。里草地ということばには、田畑の畦畔《けいはん》だけでなく、ため池や小川の堰堤《えんてい》や里山林の林縁に成立する草地などがふくまれる（図2）。これらの草地は畦畔に隣接もしくは接続する一続きの草地になっていて、畦で見られる植物も多く生育している。わたしが知る限りでは、里草地ということばは「人里のごく周辺に存在し、人為的な草刈りや火入れによる除草管理がなされてきた半自然草地の総称」として畦畔草地を包含する最も適切な言葉である。里草地は、ひとの水田耕作という生業と関係してつくられ、維持されてきた草地ということができる。

農家が畦の里草地を管理して維持する理由はさまざまである。元来は、畦は個々の水田に水をためるためだったり、他人の水田との境界とするために土が盛られ、壊れたら修復され維持されつづけてきた。

図１　畦の上は草刈りによって草地植生が維持されている。写真は兵庫県宝塚市西谷地区の棚田。棚田を横から見ると草原が広がっているように見える。

畦は土だけだと崩れやすいが、植物が繁茂し、畦のなかに根を張ることでその強度が増加する。そのため畦に植被があることは歓迎されるが、植物が繁茂しすぎるとイネの害虫や病気の発生源になったり、ネズミなどの住処になってしまうことがある。水田が耕作されているときには、それらのマイナス効果を防ぐために草刈りなどによって植生の管理がおこなわれる。また、戦前頃までは、刈り取られた畦の植物は農家によって貴重な資源として利用されていた。たとえば、農家が個人的に所有する牛馬の飼い葉としたり、緑肥として水田への肥料（刈敷とよばれた）として利用していた。さらに里草地に生育する植物にはキキョウやリンドウ・センブリ・ゲンノショウコ・ノアザミなど薬草として用いられてきたも

図２　水田の周囲では、林縁やため池の堰堤にも里草地環境がつくり出されている。これまでの観察では、林縁やため池の堰堤は草刈り頻度が畦畔にくらべて低く、年1〜2度のところも多く見られる。

のも少なくない。

しかし、農業の機械化がすすみ、化学肥料や市販の薬が流通する近年ではこのような里草地の草本の利用はほとんど見られなくなった。では現在、里草地はどのような理由で管理されているのだろうか。

徐錫元と城戸淳が一九九六年におこなった関西圏（滋賀・京都・兵庫）の農家へのアンケート調査の結果によると、畦を管理する理由として「農作業の妨げになるため」「病虫害の発生源になるため」をあげた人が多く、「まわりに迷惑だから」「みっともない」「雑草の種の水田への侵入を防ぐため」という理由もあげられていた。現代でも里草地の管理は、害虫や病気の発生源になりうる水田農業をおこなう上で不要な（今では利用価値のない）草本を取り除くために、また一方で見栄えのよさも意識しておこなわれているということだと考えられる。

ため池の堰堤の里草地も畦畔の草地と同様な理由によって管理されている。さらに、水田と里山林のあいだの里草地では、水田が林の陰にならないようにするために大きくなる樹木や低木を刈り取り、草地環境が維持されている。林縁の里草地は「陰伐地《いんばつち》」「草生《くさおい》」「裾刈り地」「刈り取り草地」などと地方でよび名が異なっているようだ。

このように里草地はかつてから今日にいたるまでひとの農業活動（水稲耕作）と密接に関係をもちながら維持されてきた草地である。多くの人は、畦は一つひとつは細いため、全部足してもたいした面積にはならないように思われるかもしれない。しかし、田端英雄によると、ある中山間地の水田景観では面積の約三〇％は畦であるという推定がなされている。また松村俊和によると水田畦畔の総面積は全国で約二三万ha（水田面積の約五％）と推定されており、これは神奈川県ほどの広さになる。二〇一〇年の農林水産省の統計では、一八・五万haと見積もられている。これほど広い面積をもつ植生でありながら、里草地はこれまで生態学のなかではほとんど注目されず、あまり研究されてこなかったというのが現状である。里草地の植生とはいったいどのようなものなのであろうか。これまでの限られた知見を紹介しながら、里草地の植生とそこに生える植物たちの姿と面白さを伝えたいと思う。

水田と里草地、そこに暮らす植物の歴史

里草地の植生の話をする前に、まず里草地の歴史について述べたいと思う。里草地に生える植物たちのことを知る上で必要だからである。くりかえしになるが里草地は水稲耕作にともなって成立する草地である。そのため、水稲が導入される以前には里草地とよべるものは日本には存在していなかったことになる。そのため里草地の歴史を探るには水田そのものの歴史を知らなくてはならない。水田はどのように日本に広がったのであろうか。ここでは、まず山崎不二夫の著書『水田ものがたり』を参考に水田の歴史を概観し、水田とそれに付随する畦畔の歴史的な広がりについてふれてみたい。

日本で最も古い水田の遺構は、一九七〇年代の後半に北九州地方の菜畑《なばたけ》遺跡や板付《いたづけ》遺跡で、縄文時代晩期末の地層から見つかっている。板付遺跡の水田遺構には杭と矢板《やいた》で仕切られた畦畔が存在している。この畦畔の上に草地が成立していたか否かは知る術がないが、日本における畦畔の誕生といえる。一九八四年に弘前市の砂沢《すなざわ》遺跡で弥生時代前期の水田遺構が見つかり、弥生時代前期には水田はすでに青森県にまで広がっていたことがあきらかになった（図3）。海岸や湖畔の平坦な低湿地から始まった水田は、弥生時代中期になると沖積《ちゅうせき》平野のみならず、山麓地帯や山間地、丘陵地の谷地部にまで広がっていた可能性があることが、多くの弥生遺跡の発掘からあきらかになりつつある。この頃までの水田は、自然に水のたまる水はけのよくない土地につくられていた。

古墳時代に入ると山麓の谷あいでの水田開発がすすみ、それにともなう用水需要の増加によって水不足が起こった。これは谷頭にため池を築造することで補ったと考えられている。ため池の堰堤に成立する里草地の誕生といえるだろう。その後五世紀に入るとため池築造などの治水・灌漑技術の向上にともなって、表面水型乾田（人工灌漑によって水がはられる水田）が広まり生産力の向上につながったとされている。

図３　弥生時代までの水田遺構の分布。山崎不二夫（『水田ものがたり ── 縄文時代から現代まで』）を基に作図。弥生時代の前期までに水田が青森県（砂沢遺跡）にまで広がっていたことがわかっている。

飛鳥時代には律令体制のもと班田収授法により、戸籍・計帳に登録された国民（公民）に一定面積の水田（口分田）が割り振られた。この時期の水田は条理水田とよばれ、農道や用排水路によって均等に区画された水田が、畿内を中心に東北から九州にいたるまで沖積平野・河谷平野・盆地などにつくられた。条里水田では格子状に畦畔がつくられた。条理水田の築造には労役を集中させた大規模な土木工事が必要であり、国を挙げての事業であったと考えられる。ただ、租税や労役の重さに耐えかねて口分田を捨てるものも多く、条里水田は荒廃しやすかったとされている。

奈良時代には、「三世一身法」や「墾田《こんでん》永年私財法」が制定され、開墾田の私有化が許されるようになり、富と権力をもつ寺社・貴族・地方豪族により水田の開墾がすすんだ。この私有化された水田はやがて荘園とよばれるものになっていった。初期荘園は畿内を中心に、山麓・扇状地末端などにつくられることが多かった。平安時代には荘園の増加にともなって、政府を中心とする水田の管理体制が弱体化し、大きな土木工事や災害からの復旧をおこなうこともできず耕作できない水田が増加した。平安末期に入ると、荘園制の発達にともない武士が台頭するようになった。

武家政権である鎌倉幕府は各地に地頭を置き、国の水田管理を復活させ、すすんでいなかった関東・東北の水田開発を精力的におこなった。また、この幕府の開発を手本に、各地の地頭たちが大河川（木曽川・天竜川・信濃川など）の上・中流に水田を広げていった。室町時代には、これらの地頭をしたがえる守護大名が力を持つようになり、幕府の統制が再び弱まることになる。応仁の乱以降、戦国大名がそれぞれの領地を治めるようになると、集約的に治水・灌漑をおこない、各地の新田開発を飛躍的に促進させた。天下統一を果たした秀吉は「太閤検地」により田畑の面積を計測し、収穫量に合わせて一定の税（年貢）を取り立て、中央集権的な水田管理を復活させた。江戸時代には、幕藩体制のもとで、高い治水（河川の流路変更など）の技術力と大規模な労働投下によって大河川（利根川など）の中流平野、大河川（木曽川など）下流の三角州、河口干潟における新田開発がすすめられた。

明治時代以降は、輸入された欧米の技術を背景に、大規模な用水路の建設や干潟の干拓、北海道の開

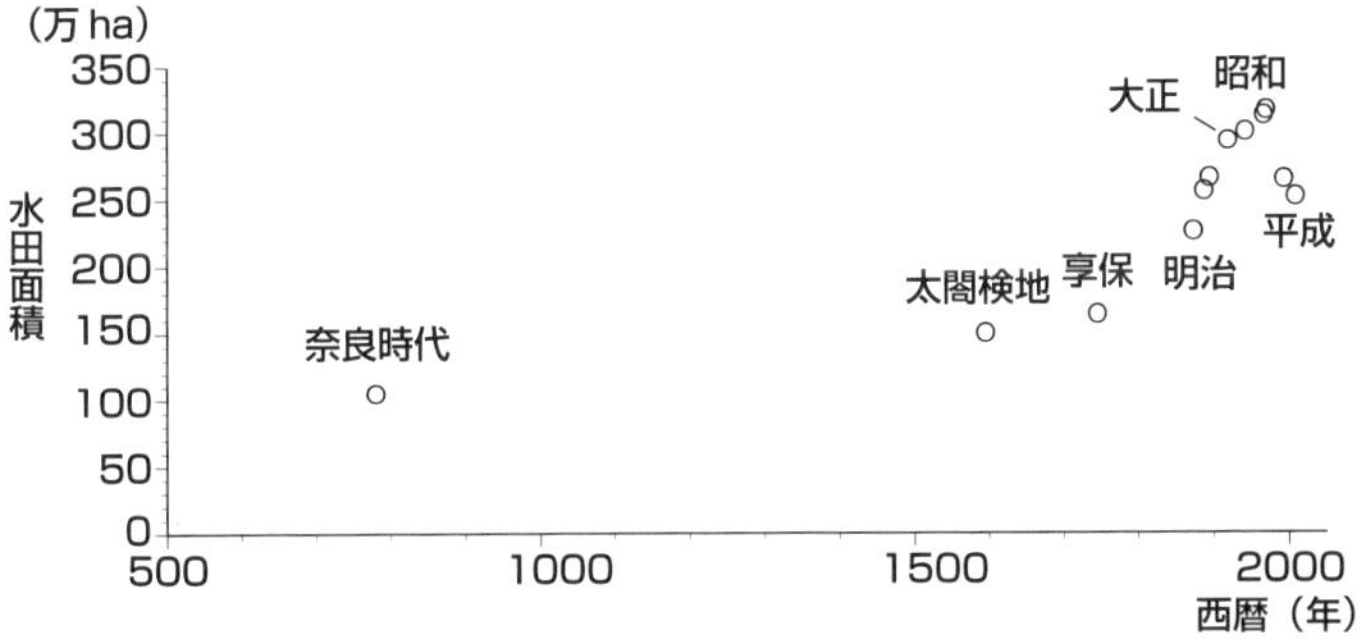

図４　水田面積の歴史的な増加。山崎不二夫（『水田ものがたり —— 縄文時代から現代まで』）のデータを基に作図。水田面積は昭和時代まで増加しつづけてきた。その背景には灌漑・治水技術の進歩がある。

発などによって未墾の地に水田が伐り拓かれた。しかし、元来水田にむいているところは江戸時代までにたいてい伐り拓かれていたために開墾しても水田が定着しなかったことも多かったようである。第二次世界大戦後は、食糧難への対策としても有名な八郎潟干拓事業などの水田開発がおこなわれた。

以上のように、水田は時の権力者たちの利権や治水・灌漑技術の向上、人口増加・食糧難を背景にして日本全国のさまざまな立地に築造されつづけてきた。そのため、国内の水田面積は時代とともに増加の一途であった（図４）。弥生時代に国内にどのくらいの水田面積があったのかを示す確かな証拠はないが、奈良時代には現在のおよそ半分程度に相当する約一〇〇万haほどの水田が国内に広がっていた（図４）。その後江戸時代まで徐々に面積は増加していき、明治以降には北海道の水田開発による急激な増加があり、昭和になって減反政策がおこなわれるまで水田面積の増加がつづく。この水田面積の増加はもちろん里草地の面

図５　秋の七草など、温帯草甸要素の植物たち。キキョウ・スズサイコは国指定の絶滅危惧種に、ほかの種も多くの自治体で絶滅危惧種リストに入ってしまっているのが現状である。

積の増加をもたらし、里草地は日本の平野部から山間地まで広範囲に分布するようになった。

ここで、田んぼと畦畔の歴史についてふれたのは、里草地が水稲文化の導入とともに人の手によって新たにつくり出され、日本のなかに広がった草地生態系だということを知ってもらいたいためである。ここまで知ると、ひとつの疑問がわいてくる。里草地に現在生育している植物は、もともとはどこが生育地だったのであろうか。この疑問に対する答えのヒントは、里草地に生育する植物種の里草地以外での分布を調べてみれば見つかるはずである。

まず、里草地に生育する植物の代表といえば、秋の七草とよばれるキキョウやオミナエシ・カワラナデシコなどの植物のほかに、スズサイコ・ワレモコウ・オケラ・センブリ・リンドウなどの温帯草甸《そうでん》要素の草原性植物がよくあげられる（図5）。これらの植物は、中山間地の棚田周辺の里草地に多く分布している。棚田の里草地以外では、阿蘇や霧ヶ峰、秋吉台、蒜山《ひるぜん》などの広大な半自然草地（採草地・放牧地）で多く見ることができる。これらの広大な半自然草地の一部は里草地よりも古く、旧石器・縄文時代から日本に存在していたとする仮説が唱えられるようになってきた（第一章）。氷期に大陸の温帯草甸から朝鮮半島をわたって日本に移り住んできたと考えられるこれらの草原性植物は、縄文時代以降の温暖期に河川の氾濫原や火事によって維持されていた広大な半自然草地で生き残り、その後、水田が人の手によってつくり出されるとその脇にある里草地にも入り込み、生育するようになったと考えるのが妥当であろう。兵庫県の宝塚市西谷地区の里草地では四〇〇種を超える草本性植物が生育しているが、広島・島根県境に位置する野焼きによって維持されている放牧地・雲月山の植物相と比較すると一三〇もの草本種が共通していた。江戸時代以降には、灌漑技術の進歩によってそれまで放牧地や採草地だった場所に、水田が造成されることも増えた。長野県で平安時代に勅旨牧《ちょくしまき》だったと推定されている場所をめぐると、現在は棚田がつくられているところが何カ所も見られた。その畦畔の里草地にはキキョウやオミナエシ、クサフジなどの草原性草本の花が咲き、その一部へ草原性ハイイロマルハナバチの訪花が見られる（第一章）。これらの里草地の動植物は広大な放牧地が縮小して残った畦にそのまま移り住んだものと考えてよいだろう。棚田の里草地に生える草原性植物としては、スズメノヤリなどシベリアや千島、カムチャツカなど北方の草原に起源をもち、北海道を経て里草地に入ってきたと考えられるものもある。

また、棚田の里草地では、ミズギボウシ・キセルアザミ・ヤマラッキョウ・ノハナショウブ・ウメバ

図6　里草地で見られる湿地性の植物たち。湿った環境の多く見られる里草地では多様な来歴をもつ湿地性の植物たちを見ることができる。これらの植物は多くの自治体のレッドリストにおいてリストアップされ、各地でその減少が危惧されている。

チソウ・サワギキョウ・ヤマヌカボ・ミミカキグサの仲間など湿地性の植物も多く生育している（図6）。このうち、前者のミズギボウシやキセルアザミは日本国内だけに分布し、日本で分化したと考えられる植物である。ヤマラッキョウとノハナショウブは、キキョウ同様に温帯草甸の湿地部でも生育している。サワギキョウやヤマヌカボはやはり大陸にその起源をもっていると考えられるが、千島や樺太にも分布していることから、ユーラシア大陸東岸を北回りで日本に入ってきた可能性がある。湿地性のものの多くは、貧栄養湿地に分布するものが多い。また、ミミカキグサの仲間は南方にも広く分布しており南回りで日本に入ってきた可能性が考えられる。前述の西谷地区の里草地では近隣の湧水湿地である丸山湿原と共通する種が七〇種ほど見られる。なかでもサギソウやトキソウ・イヌノハナヒゲ・ミカヅキグサ・ミミカキグサの仲間などはため池からの漏水が見られる堰堤の里草地に生育する姿が見られる。このように、異なる来歴をもった湿地性植物も一緒に里草地に暮らしている。

さらに、棚田の里草地ではキツネノマゴ・チカラシバ・アキノノゲシなど、平野部や盆地の平地部の里草地では、ツユクサやサギゴケ・ミゾカクシなど、その起源を熱帯域などの南方にもっている植物群も生育している。これらの種は寒い時期に分布を拡大することはできないため、間氷期もしくは後氷期後に日本に入ってきた可能性が高い。これらの植物の一部は水田文化や麦畑文化の日本への伝搬に随伴して里草地に入った史前帰化植物だとする考えもある。前川文夫によるとチカラシバやエノコログサ・ヤブカンゾウ・サギゴケなどは史前帰化種であるとされている。前川によって史前帰化種とされているもののなかには、チガヤやエノコログサなど大陸の温帯域を起源とするもの、オオバコのように北方を起源とするものもふくまれている。チガヤは里草地では優占種となっているが、野焼きによって管理される半自然草地ではほとんど見ることができない。これらの植物が農耕文化とともに日本に入ってきたという仮説については科学的にきちんと検証する必要があるが、非常に興味深い仮説のひとつである。那須浩郎と百原新は縄文・弥生遺跡やそれ以前の時代の堆積物中から発見される植物種子の情報をまとめ、前川がとりあげた種のなかから、史前帰化植物である可能性が高い種をリストアップしている。今後、このような検証がくりかえしなされることで、畦に暮らす植物の由来が明らかにされていくことが期待される。

このようにひとによって創造・維持されてきた里草地には、非常に多様な来歴をもつ植物が入り込み生育するようになったのだと考えられる。この考え方は、現段階では仮説に過ぎないが、今後、生物地理学的な視点と系統学・集団遺伝学的な研究手法を合わせることで、それぞれの種群の由来をあきらかにしていく必要がある。

里草地の特徴

日本に存在する半自然草地には多様なタイプがある。ここであつかっている里草地のほかに、人里から少し離れた場所にあったカヤ草地（カヤぶき用のススキやヨシを収穫するために草刈り・火入れによって維持されてきた草地、カヤ場ともいう）、牛馬の飼い葉を採集するための広い採草地、牛馬の放し飼いによって維持される放牧地、低木や樹木を柴や薪《たきぎ》として過剰利用したために疎林化し草原環境が林床に広がった柴草地などがある（第一章・第二章）。これらの草原は立地や人間による管理方法が異なるために、しばしば異なる草原植生が成立する。これらの草地と里草地はいったいどのように異なっているのだろうか。

里草地とほかの草地の最大のちがいは、人為管理を受ける頻度が里草地で高いこと、具体的には草刈りの頻度が高いことである。徐・城戸によるアンケートの結果によると、関西圏では草刈りだけで畦畔を管理している場合、年間で平均の除草回数は三・五〜四・二回となっている。カヤ草地や採草地では、春先に火入れも併用しておこなうことで、草刈りは秋におこなわれ、年一回であることが多い。また、畦畔全面への火入れによって里草地が管理されることは全国的には稀で、火入れはおこなわれないか、草刈り後の枯れ草を集めたところだけ火を入れることが多い。火入れをあまりともなわずに管理されるのも里草地の特徴である。総じて、里草地とは頻繁な草刈りによって維持されてきた草地といえ、里草地には草刈りという人為的な攪乱に適応している植物が生育している。

しかしながら、徐と城戸による報告では近年、重労働である草刈りの労力を軽減するために低地の水田を中心に除草剤の使用が全国的に広まりつつある。近畿地方では、平野部の畦で多くの除草剤がつかわれる傾向がある。里草地における除草剤使用の拡大は里草地の植物だけでなく、その上に暮らす動物をふくめた生物多様性の減少につながるおそれがある。

里草地に成立する植生とその多様性

里草地において高頻度でおこなわれる草刈りは、植生高（地上部の植物体の高さ、以下草丈《くさたけ》）に大きな影響を与える。たとえば、わたしの所属研究室の植松裕太・内田圭ら（当時大学院生）による研究から、阪神地区の棚田畦畔では、水田耕作が現在もなされている場所では秋頃の畦の草丈は高くても五〇cm程度で、低いところでは五cm以下まで刈り込まれるところもある。調べてみたところ、秋の里草地の草丈は夏場の草刈り頻度と相関しており、草刈り頻度の高い場所ほど草丈が低くなっていた。一方、当研究室の永田優子（当時大学院生）が調査した長野県の木曽町開田高原（旧開田村）では、伝統的な管

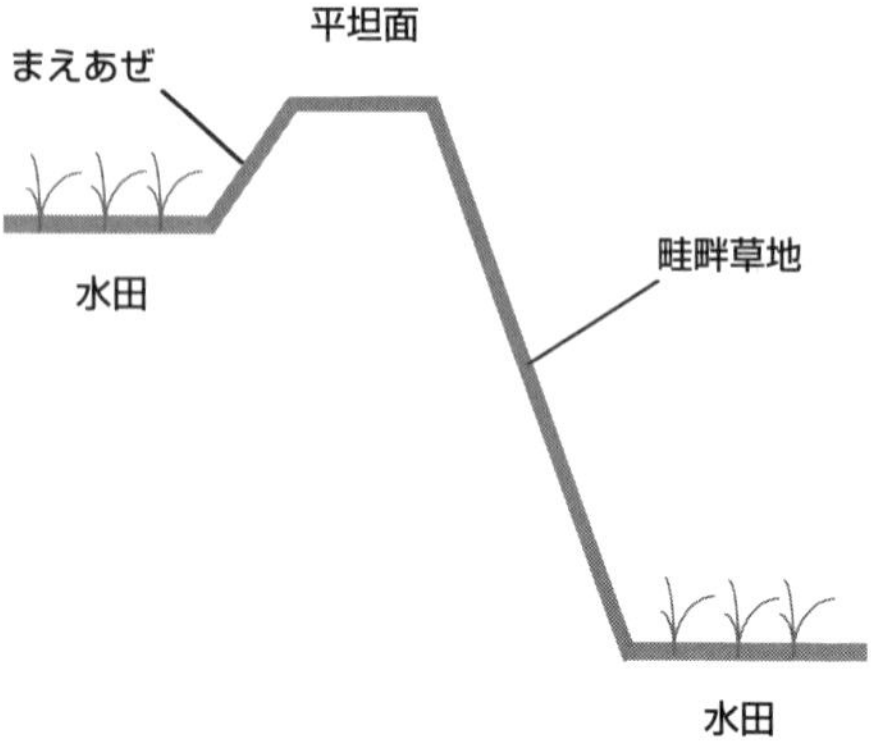

図7　畦のなかの部分の名称（山口・梅本の図を基に作図）。以下、山口・梅本の定義に沿って、少しわたしたちの観察もふくめた説明を加える。まえあぜは代掻き前に壊される畦の一部で、代掻き直前の水入り時に水田土壌で塗り戻される。平坦面は作業通路として利用され、中央部を中心に踏みつけの攪乱を頻繁に受ける。畦畔草地は草刈り、稀に火入れによって管理されている。

理をおこなっている採草地では草刈りは二年に一度（二年に一度、春に火入れをおこない、その秋に採草する）と低頻度で、そのため草丈は約五〇～一三〇cmと非常に高くなっていた。また、開田高原では草刈りをやめて火入れのみで管理されている採草地も存在するが、その場合草丈は一八〇cmまでになるところも見られる。また、草刈りが放棄された棚田の畦畔では草丈が二～三年で一〇〇cmを超えてしまう。

このように里草地の一般的な特徴は高い草刈り頻度と低い草丈にある。より詳細に見ると、草刈り頻度や草丈は所有者によって異なっており、その頻度と草丈に応じて異なる植生が成立するといわれている。伊藤貴庸らによると最も草刈りが高頻度でおこなわれる場所ではシバの優占する植生、少し頻度が低くなるとチガヤ、さらに少なくなるとススキの優占する植生、草刈り頻度の最も低いところではネザサ類が優占する植生が成立するという報告がある。このように里草地では草刈り頻度に対応するかたちで多様な植生が見られる。

また、中山間地の棚田と低地や平野部の平田では、異なる里草地植生が成立する。たとえば、温帯草旬要素の草本種は棚田部に多く見られるが、平田ではあまり見ることができない。福井県の中池見《なかいけみ》湿地は、二〇世紀末に開発されるまでその桁外れに高い生物多様性で有名な平田生態系であったが、その畦にはキキョウやオミナエシ・スズサイコ・ワレモコウといった棚田に典型的な希少植物が生育する姿は見られなかった。水田内や水路では多様な希少植物が見られた中池見でも、畦ではサギゴケやツボスミレ・ノチドメといった平田の畦で一般的に見られる植物が多く生育していた。ここから、棚田と平田の間でも畦畔に成立する植生が異なることが示唆される。実際に宝塚の中山間地で里草地をくわしく調べてみたところ、棚田部と平田部で植生が少し異なっていることがわかった。

さらに、傾斜地につくられる棚田では畦畔が幅広くなるが、このとき畦の上方と下方でも成立する植生が異なっている。また、人の踏みつけが多い平坦面や、毎年土塗りによって補修されるまえあぜとよばれる部分では生育する植物が異なることが山口裕文・梅本信也らの研究によって報告されている（図7）。加えてわたしたちのこれまでの調査結果から、水田の畦畔と、ため池の堰堤、林縁の草地ではやはり少し異なる植生が成立していることがあきらかになってきた。このように、里草地と一口にいってもそのなかには実に多様な植生が見られる。この里草地における植生の多様性をもたらす要因とはいったい何なのであろうか。次に草刈り頻度以外で里草地の植生に大きな影響を与えうる要因をあげてみたいと思う。

棚田の里草地における多様な環境

植松を中心としておこなった研究から、里草地の多様な植生を生みだす要因として多様な資源環境が存在していることが重要であることがわかってきた。ここでいう多様な資源環境とは、土壌水分・栄養塩・光環境など植物の成長にとって必要な資源が水田生態系では不均質に分布しているということを表している。多様な資源環境は、水田の構造やひとによる灌漑・施肥・草刈りなどの管理の様式によってもたらされている。では、どのように多様な資源環境が生まれるのか、宝塚市西谷地区の棚田（口絵⑭）での研究結果を紹介し、そのしくみについて説明してみよう。

棚田は中山間地の谷部の傾斜地につくられるため、階段型の形状をしている（図8）。丘陵の傾斜地では、通常、斜面上部はより土壌水分量が少なく、谷の最も低いところへ土壌水が集まることが知られている。しかし、棚田では平らな地形（水田部分）と傾斜地形（畦畔部分）が交互にくりかえす構造が見られるため、特異な土壌水分環境が生まれる。棚田では、最上部の水田へ入れられた水を重力方向に沿って上の水田から隣接する下の水田へと次々入れていく田越し灌漑（掛け流し灌漑）という灌漑方法が用いられている（図8）。水は平らな水田部分で一時的にたまったあと、下の水田へ畦に掘られた水路を通じて流される。畦畔はすべての水を完全に塞き止めることはできず、水の一部は畦畔中を浸透して下の水田へと移動する。この畦畔中を移動する土壌水が畦に生育する植物が利用する水源となるので

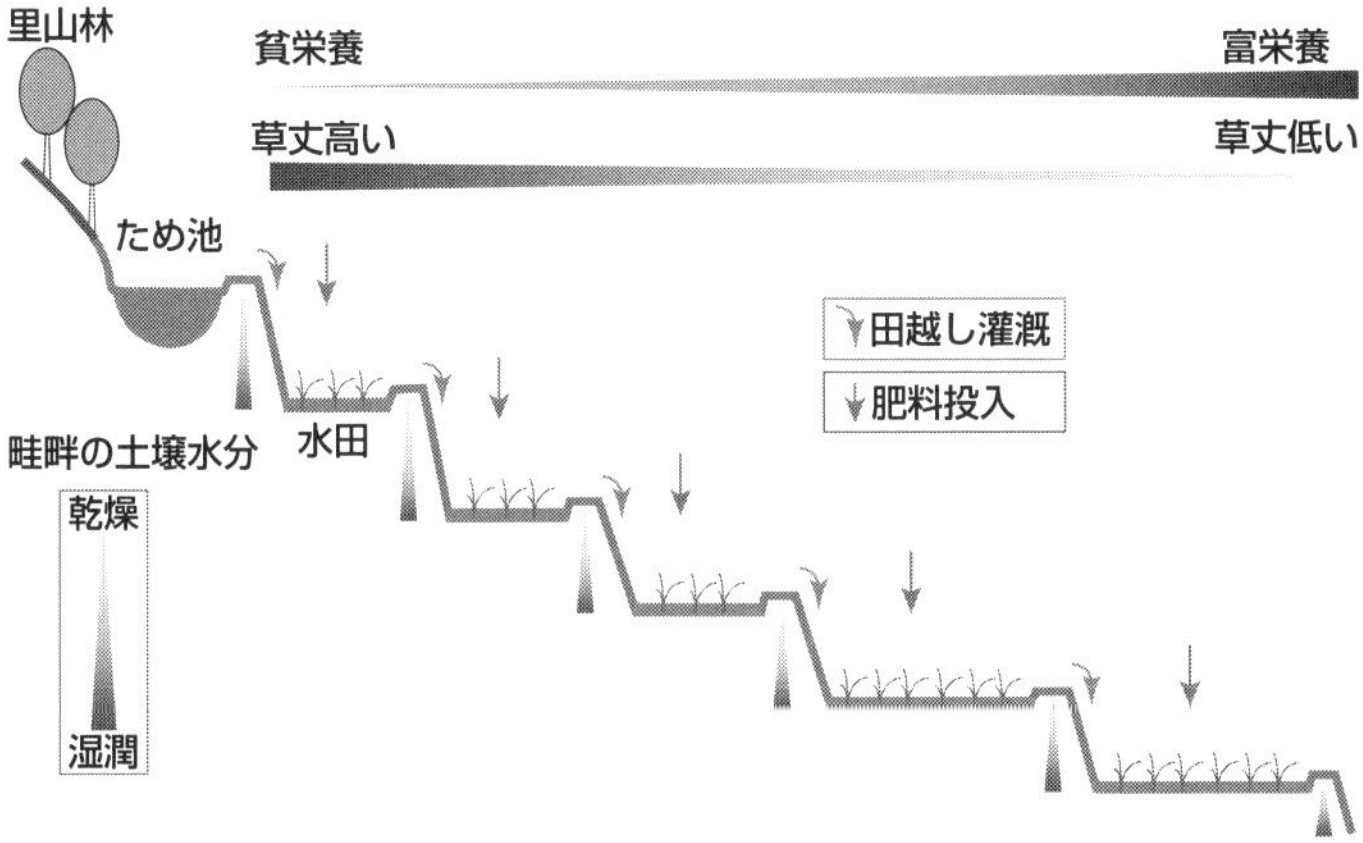

図８　棚田の資源環境傾度の模式図（Uematsu and Ushimaru の図を基に作図）。棚田ではその特殊な地形と田越し灌漑、施肥によって土壌水分や栄養塩濃度の傾度が存在している。

あるが、土壌水分含量を畦畔の上部・下部で比較すると上部でより乾燥し、下部が湿潤になることがわかった。これは、大きな斜面と同様の現象が、比較的小さな畦畔斜面でも起こっていることを示している（図８）。つまり棚田畦畔では、土壌水分の少ない場所、多い場所が近接して存在しており、あとでくわしく述べることになるが、この水分傾度によって植物の分布が大きく影響を受けている。

　棚田の構造と田越し灌漑は、各水田に対しておこなわれる施肥と相まって、棚田内に土壌栄養塩の傾度も生みだす。年間降雨量の少ない地域（瀬戸内地域など）では、棚田の最上部にため池が造成されることが多い。これら棚田の最上部に位置するため池の水にふくまれる栄養塩濃度を測ってみると、窒素やリンはほとんどふくまれていないことがわかった。つまり、水田に入れられる大もとの水は非常に貧栄養ということになる。田越し灌漑では、棚田の下方に位置する水田に入る水はその上流に位置する水田のなかを通ってやってくるため、それぞれ施肥された水田を通るごとに水は富栄養化され、下の水田では水は多くの栄養塩をふくむようになることが予想される。実際に、棚田の上部に位置するため池とくらべて、棚田下方の水路の水を調べてみると窒素やリンがより多くふくまれていた。くりかえしになるが、畦畔中の土壌水は水田の水が浸透するため棚田上方の畦畔は貧栄養な環境、棚田下方の畦畔は富栄養化した環境になっていることになる。土壌栄養塩の指標として植物体中の窒素含量を測定してみると棚田上方で少なく、下方の畦に生える植物ほど窒素含量が増加していた。この棚田内に見られる土壌栄養塩傾度も植物の分布に大きな影響を与えている。

棚田内の土壌栄養塩の傾度は植物にとっての光環境にも大きく影響する。農家の方に聞いてみると、草の生長の速い畦は頻繁に草刈りされるそうである。富栄養化している畦では草の生長は速くなるから、棚田の下部ほど草刈りされる頻度が高く、草丈が低くなる傾向がある（図8）。一般に、草丈は植物の光をめぐる競争に大きな影響を与えるといわれており、棚田における草丈の傾度は植物にとっての光環境の傾度をもたらしているといえる。

さらに、棚田は周囲を二次林や植林などの林で囲まれていることが多く、林縁に成立する里草地は隣接する林によって被陰される。研究室の大学院生・小原亮平が調べたところ、二次林から離れるにつれて里草地に太陽からの直射光があたる時間が長くなっていた（図9）。つまり、周囲に存在する二次林によっても多様な光環境が里草地のなかに生みだされていたのだ。わたしたちの研究によって、この林からの距離に応じた日照量の変化が里草地の種組成に大きく影響を与えていることがあきらかになって

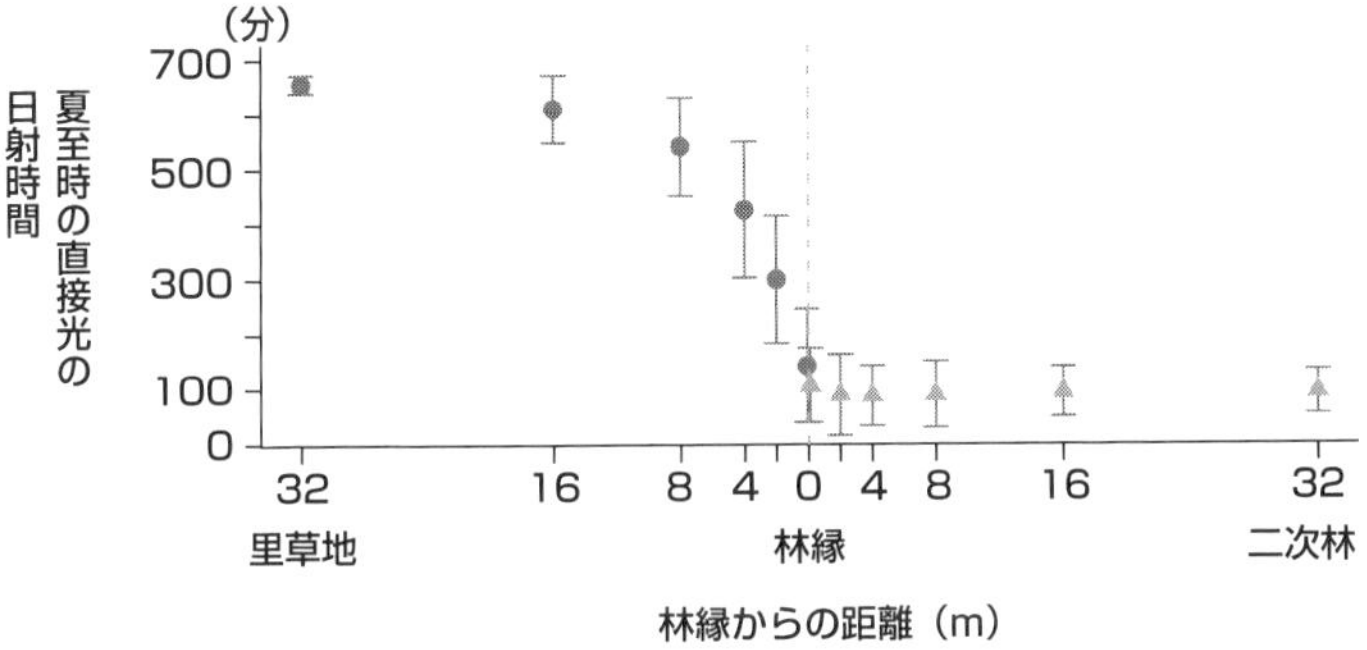

図９　二次林によってつくられる里草地内の日照時間の傾度（Ohara and Ushimaru の図を基に作図）。二次林近くの里草地では、樹木によって日陰がつくられ太陽からの直接光があたる時間が短くなる。一方で二次林から離れた場所では、日中に長い時間陽光を受けている。

きた。

棚田と比較すると丘陵地の平田や平野部の水田はより水が集まりやすい環境につくられているため土壌水分が多くなっていることが考えられ、またその水によって栄養塩が運ばれるために富栄養化が進行していることが予測される。

以上のように、一見するとどの畦も、畦のどの部分も草地になっていて同じように見えるかもしれないが、里草地のなかには非常に多様な資源環境が存在するのである。もう一度整理すると、畦畔の上部は乾き、下部は湿っている。また、棚田の上方の畦畔は貧栄養で草丈が比較的高く、棚田の下方の畦畔や低地水田の畦畔は富栄養かつ草丈が低いという傾向がある。わたしたちは西谷地区でのみくわしい研究をおこなっているが、今後日本の各地で同様の調査をおこない、この発見の一般性を確認しなくてはならない。

棚田の環境傾度に対応した多様性の分布

里草地に生育する植物は、上述の多様な資源環境の傾度に対応するように分布している。西谷地区の里草地で一㎡（〇・五m×二m）の範囲に維管束植物が何種生育しているのかを一七の棚田で計一二九カ所調べたところ、それぞれの畦畔において上部にくらべて下部でより多くの種が生育し、富栄養かつ草丈の低い棚田下方の水田畦畔でより多くの種が生育していた。くわしく解析してみると、その場の土壌水分が多ければ多いほど、草丈が低ければ低いほど生育する植物種の数が多くなっていた。一方で、種数は土壌栄養塩量そのものからは直接的に影響を受けないこともあきらかになった。この発見からは、①水田は水を豊富に湛える農地であるが、その豊富な水が湿地性植物もふくめた多くの種を涵養していること、②草刈りによって草丈が低くおさえられると光をめぐる競争が緩和され多くの種が共存できることがわかった。

上記の知見に関してはひとつ注意してもらいたいことがある。実は草丈に関しては低ければ低いほどいいというわけではなく、あまり刈り込みすぎると逆に種数が減ってしまうことがある。このことについては圃場《ほじょう》整備事業の里草地への影響についてふれる際に詳細に説明したいと思うが、丁寧すぎる草刈りは草本種の多様性を減少させてしまうのである。以上、棚田内での農業活動によって生みだされた資源環境の多様性は、植物の種数の分布に大きな影響を与えていて、なかでも多様性の高い畦とあまり多様でない畦があるということを知ってもらいたい。

では保全を考えたときには、種数の多い環境（畦）だけを守っていけばいいのであろうか。答えはノーである。現在、その数を激減させている希少種に関しては、分布がほかの種と少し異なっているからである。

里草地における希少植物種とその分布

かつて里草地に普通に生育が見られたキキョウやオミナエシ・カワラナデシコ・スズサイコなど多くの植物が今では著しく数を減らし、環境省や各都道府県の作成するレッドリスト（絶滅のおそれのある動植物を記載するリスト）に名前を連ねるまでになってしまった。現在でも、伝統的な管理がおこなわれている棚田の里草地では、これらの希少な植物の姿を見ることができるが、そのような里草地は全国的に少なくなってしまった。レッドデータブック近畿2001では近畿地方（兵庫県・大阪府・京都府・滋賀県・奈良県・和歌山県・三重県）で絶滅の危機に瀕している里草地の種として九九種をリストアップしているが、そのうち三〇種は近畿地方のいずれかの地域ではすでに絶滅してしまったとしている。このレッドリストには、タカサゴソウ・オグルマ・カセンソウ・ヒメシオン・ミシマサイコ・ヒメノボタン・アゼオトギリ・ツチグリなどもあげられているが、わたしはカセンソウとツチグリをそれぞれ一地域で確認したのみで、他の種についてはまだ近畿地方の里草地で生育する姿を見つけられずにいる。一方で、チガヤやススキ・ヨモギ・スギナなどの植物はどこの里草地に行ってもまだ多く姿を見ることができる。では、里草地で希少になってしまった植物とまだ多く見られる植物は何がちがうのだろうか。この疑問に答えることは、里草地で植物多様性が減少しているメカニズムを知る上で重要な知見になるであろう。

わたしたちの研究室では、阪神地域（兵庫県東南部）の里草地について丘陵地から平野部まで広い範囲を歩いて希少な植物がどこに分布しているかを調べているのであるが、キキョウやスズサイコ・オミナエシなどの里草地の希少な植物の多くは平野部では見ることができず、丘陵地の棚田の畦畔でしか見ることができないことがわかってきた。この課題について、西谷地区で六〇種を超える希少草本種（環境省や兵庫県、もしくはほかの多くの都道府県のレッドリストにのっている種）の分布をくわしく調べたところ、これらの希少種は棚田畦畔でも、棚田上方のため池に近い貧栄養な環境となっている畦畔に集中して分布していることがわかった。また、この傾向は西谷地区だけでなく阪神地域の里草地に共通して見られた。つまり、前述した種の多様性が高い棚田下方の富栄養化した畦畔には希少種はほとんど分布しておらず、普通種の多様性の高い場所と希少種の多様性の高い場所は異なっていることがあきらかになったのである。ここでは、希少種の多様性の高い棚田上方の里草地は優先して保全すべき対象であるといえるだろう。

実は、ヨーロッパの農業生態系における半自然草原でもこの発見と同様に多くの希少な草本種が貧栄養な環境に分布していることが知られている。この事実について少し視点を変えて見てみると、「貧栄養な環境に生育する植物種の多くが現在減少している」ということを示している。ここで新たな解くべき課題が見えてくる。なぜ貧栄養な環境を好む植物が農業生態系において日本だけでなく世界的に減少しているのであろうか。次に農業生態系における生物多様性の減少を引き起こすと考えられている複数の要因について紹介し、それらの要因がなぜ貧栄養環境を好む植物の減少をもたらしているのかそのメカニズムに迫ってみたい。

農地の集約化と放棄による半自然草地における生物多様性の減少

ひとの手によって維持されてきた半自然草地とそこに暮らす生きものたちは世界的に危機的な状態になっている。これまでの多くの研究から、農業生態系内の半自然草地における生物多様性の危機をもたらす主な要因として「世界各国の農地において、従来と異なる土地利用がなされるという変化が起こっていること」があげられている。ここでいう土地利用の変化とはいったいどういうことであろうか。二〇世紀後半から見られる農地の土地利用の変化には、大きく分けると農地の集約化と放棄という二つのまったく異なる方向性がふくまれる。それぞれがどのようなもので、どのようなメカニズムで生物多様性を減少させるのか説明していこう。

農地の集約化とは単位面積・労働力あたりの収量を増加させるためにさまざまな農地改変がおこなわれることをさす。たとえば、農地への肥料の大量投入や土壌改良など単位面積あたりの収量を多くするための改変と個々の農地の大規模化や機械化の促進、灌漑設備の整備など作業効率を高めるための改変がこれにあたる。これらの農地の集約化は、農地の周辺に広がる半自然草地の環境を大きく変えてしまい、そこに暮らす生物の減少をもたらしている。ヨーロッパでは二〇世紀後半から、農地への窒素肥料の大量投下による半自然草地の富栄養化が植物種の多様性を減少させていることが問題となっている。たとえば、採草地における植物生産を増加させるために窒素肥料を投入することなどがあげられる。集約化がよりすすんでいる西欧諸国と遅れている東欧諸国を比較すると、西欧において富栄養化による植物種の減少が顕著に見られる。

土地の富栄養化が植物多様性の減少を引き起こすメカニズムは、近年になって精力的に研究がすすめられてきた。これまでの研究結果をまとめると、以下の三つのことがあきらかになってきた。①農地への窒素投入によって富栄養化が起こった半自然草地では、地上部の植物体量が増加する。②地上部の植物体量の増加によって植物種間の光をめぐる競争が激しくなり、競争に強い種による被陰によって多くの種が生育できなくなり多様性が減少する。③このとき競争によって排除される種は、植物高の低い種など光をめぐる競争に弱い種やもともと優占度の低い種である。つまり、ひとが施肥することで植物の生長がよくなりすぎ、それによって競争に負けて絶滅してしまう種が出るというメカニズムで多様性の減少が説明されるということになる。

ここまで、農地の集約化が植物の多様性へ与える影響について見てきたが、農地の動物相も集約化によって多様性が減少していることが報告されており、ハンガリーなど東欧諸国でもEU加盟後、農業の集約化にともなって草原性の鳥類が減少していることが報告されている。しかしながらそのくわしいメカニズムについてはいまだあきらかになっているとはいえない。

日本における農地の集約化の代表例は、圃場整備事業である。圃場整備事業では、米作の効率化（機械化・収量の増加）を目的に、個々の水田の大型化や水はけをよくする乾田化、土壌改良などがおこなわれる。これら圃場整備にともなう農地の改変は生物相に大きな影響を与えることがわかってきたが、ヨーロッパにくらべるとあまり研究がなされていない。これまで圃場整備事業の生物多様性への影響を調査した研究の成果についてはあとにまとめてくわしく紹介したい。

一方で、農地の放棄とは言葉どおり農地自体がつかわれなくなり放棄され、管理がまったくおこなわれない状態をさしている。日本でもヨーロッパでも農地を維持することが経済的に大きなメリットを生まなかったり、むしろ金銭的なコストをともなう場合、また管理者の高齢化によって農地を維持することが困難な状態になってしまった場合、農地自体が放棄されることが多い。そのため日本でもヨーロッパでも放棄される農地の多くは土地の生産性が低い場所、通うのが困難な場所などに集中することがわかっている。農地の放棄もまた生物多様性を大きく減少させうることがヨーロッパを中心に報告されている。たとえば草原性の植物、昆虫、鳥類などの種多様性が減少することが知られている。では、農地の放棄はどのように生物多様性を減少させるのだろうか。

一般的に、半自然草地では火入れ・放牧・草刈りなどの人為的な管理によって低木・樹木種の侵入が抑制され、植生遷移の初〜中期段階にあたる草原状態が維持されている。ところが、農地が放棄され、人為的な管理がなされなくなると高茎草本の優占する段階を経て、低木・樹木が優占する森林植生に移行してしまうことが報告されている。森林植生にいたるまでの時間は場所によってまちまちで、なかには草原植生が放棄後も長く維持されることもあるようだが、日本の里草地などでは一〇年以上放棄されると森林化が進行してしまうことが多いようだ。その結果、草原性植物は生息地が日の当たる明るい環境から日の当たらない暗い環境になり、減少することがわかってきた。里草地の植生に対する放棄の影響についてもあとにくわしく述べたいと思う。

農地が利用される集約化、農地が利用されなくなってしまう放棄というまったく逆の要因が里草地などの半自然草地の生物多様性を減少させているのである。この点は、非常に示唆にとんでおり、「農地をつかいすぎてもつかわなすぎてもいけない、ほどほどに農地をつかってきた伝統的な営農が生物多様性を高めていた」という事実をわたしたちは認識しなくてはならない。

圃場整備による里草地の危機

日本国内では、昭和三〇年代以降の高度経済成長時代に農村から都市部へのひとの流出が始まり、人手の足りなくなった農村では機械化による営農への転換を迫られていた。しかし、日本の伝統的水田は細かく区分され一つひとつが小さいものが多く（図10）、また水がたまりやすい場所につくられることも多く、水はけが悪くぬかるむため大型の農業機器を導入することがむずかしいものが多かった。また、

図10　伝統的水田と圃場整備水田（Google mapの航空写真を加工して作図）。伝統的水田は小さく不規則なかたちをしているが、圃場整備水田は大型かつ長方形であるため、航空写真を見れば一目で識別できる。

山崎不二夫によると中世以降江戸時代までにつくられた水田の特徴として農道と水路が極端に少なく、そのため畦畔の幅が比較的広く、水は田から田へ掛け流しで入れるしくみになっていた。これは湿潤な畦畔を好む植物には都合のいい環境であるが、農業の機械化にとっては不都合な条件となってしまう。また、伝統的水田の畦は水はけの悪さから台風などの大雨後に畦自体が壊れてしまう危険性が高かった。現在までつづく就農人口の減少期において、これら従来の水田の難点を解決し、単位面積・労働あたりのコメの収量を高めることを目的に一九六三（昭和三八）年以降、国や自治体によって推進されてきたのが圃場整備事業である。圃場整備事業では年間約一三〇〇億円を投じつづけて日本中で水田の改変をおこなってきた。少し前の二〇〇六年のデータであるが、全国で水田の圃場整備率は六〇・五%、北海道や福井県では約九〇%にもなっており、今後もこの数値は上昇すると考えられる。ここでいう水田の改変とは、主には水田の大型化（従来一〇a程度だった個々の水田面積を三〇～四五aに）や暗渠《あんきょ》排水による乾田化、用排水路のライニング（三面水路などコンクリート水路へ）、農道の整備・拡幅などをふくんでおり、これらの改変を達成するために表土の取り去りと大規模な畦畔の改修をふくむ土地造成がおこなわれる。圃場

図11　圃場整備による水田環境の改変（安曇野の水田の圃場整備前後の様子。長野県生物多様性概況報告書〈2011〉より）。圃場整備は大型かつ長方形に個々の水田を整形する。その過程で表土をはぎとり、その上に成立する豊かな里草地の植生を根こそぎ奪ってしまう。

整備では、表土を取り去る作業でこれまで水田にいた生物がすべて取り除かれるばかりか、乾田化や水路のライニングによって整備完了後の生息地環境は伝統的な水田環境とくらべて大きく変わってしまう（図11）。圃場整備事業は一般的に土地改良事業とよばれてきたが、ここでわたしはあえて土地改変と表現したい。これは、〝よし〟とされることはコメの生産効率に関してであり、環境面への配慮を考えるとただよいことばかりではないと考えるからである。

　これまで圃場整備された棚田（以下、圃場整備地）と伝統的棚田とで里草地の植生を比較した研究が、異なる複数の地域でおこなわれてきた。これらの研究から、圃場整備地では伝統的棚田にくらべて①植物種の多様性が低くなっていること、②多年生草本、特に希少種の種数が減少すること、③一年生草本種と外来草本種が増加すること、という三つのことがわかってきた。このうち①については、種数の減少が見られない圃場整備地も存在している（わたしたちの調査地である西谷地区でも圃場整備地と伝統的棚田で一㎡あたりの種数に差がない）ので一般的とはいえないが、②と③についてはどの圃場整備地においても共通して見られる一般的な現象のようである。圃場整備地で見られる里草地の植物群集の変化（特に、在来の多年生草本の減少）を引き起こすメカニズムの説明としては、大きく二つの仮説が提案されている。ひとつ目の仮説は、圃場整備地では表土の取り去りによって植生遷移の初期化が起こり、遷移初期に優占する一年生草本がまず侵入・定着し、多年生草本の侵入・定着がまだ十分に起こっていないというものである（以下、初期化仮説とよぶ）。もうひとつの仮説は、圃場整備にともなう乾田化の影響などによって植物にとっての資源環境が変化してしまうため、多くの多年生草本の定着が阻害されているとするものである（以下、資源環境変化仮説とよぶ）。

山口裕文らの研究グループは、ひとつ目の初期化仮説に対して大阪府南部の棚田を調査し、圃場整備直後は一年生草本が優占するがその後年数の経過とともに多年生草本の種数が増加することを確認している。また松村・武田は淡路島の棚田を調査し、圃場整備地の在来植物種の多様性は圃場整備後の経過年数に比例して増加するだけでなく、最も近い伝統畦畔との距離に反比例して増えることを示した。この研究結果は、圃場整備地の里草地において植物多様性は、植物の分散力によって制限されており、近隣に種子源がある場合はより早く復活することを意味している。これら二つの研究結果から、初期化仮説は妥当であると考えられる。しかし、松村・武田の研究やわたしたちの研究では整備後二〇年以上が経過した里草地においても、伝統的畦畔にくらべて少数の植物種しか生育しておらず、初期化仮説のみで多年生草本の多様性減少を説明しきれるとは考えづらい。

そこで二つ目の仮説、圃場整備によって植物にとっての生育環境が変化してしまうことが多年生草本の多様性低下を引き起こしているという資源環境変化仮説の検証が必要になる。しかし、実際に圃場整備後にどのような環境変化が起きているのか、その環境変化と多年生草本の減少が関係しているのかについてはこれまで研究がなされていなかった。わたしたちはこの仮説の検証をおこなうために二〇〇九年に西谷地区で二〇一〇年には神戸市北区・三木市において圃場整備地と伝統的棚田を調査し、それぞれの土壌水分含量や栄養塩環境（土壌pHや植物体の窒素含量）、草丈を測定し、里草地の植生を比較した。調査の結果、両調査地においてこれまでの知見と同様に圃場整備地では多年生草本・絶滅危惧草本の減少と一年生草本・外来種の増加が起きていることが確認された。ここで、わたしたちは乾田化された圃場整備地では土壌水分含量が低くなっていることがその原因であろうと予想していたのだが、この予想に反して二つの調査地域では圃場整備畦畔の土壌水分含量は伝統的畦畔と変わらない、もしくはより多い傾向が見られた。この結果からは、圃場整備による乾田化が多年生草本の減少をもたらす要因ではなかったことが示唆される。

一方で、伝統的棚田の畦畔ではpHが六未満程度とやや酸性であったが、圃場整備地では約pH六・二～七・四とほぼ中性となっていた。農業環境技術研究所の平舘《ひらだて》俊太郎らの研究グループは畦畔や刈り取り草地を対象に調査し、土壌pHが五・七以上の場所で外来種の侵入が増加することを報告している。また、圃場整備地では植物体中の窒素含量が高く、土壌の富栄養化が起こっている可能性が示された。以上から、圃場整備地における高いpHや富栄養化は外来種の増加や多年生の希少種の減少などの植牛変化をもたらす要因である可能性が示された。今後は圃場整備地に分布している種と分布できない種の土壌環境への適応力の差を実験的に確かめ、圃場整備地における土壌環境の変化が植生変化をもたらすメカニズムを詳細にあきらかにしていく必要性がある。

さらに、今回の調査から両調査地域において圃場整備地の畦畔では、伝統的なものとくらべて草丈が低くなる傾向が見られた。淡路島北部の棚田畦畔でも圃場整備後は、草刈りの高さが低くなることが報告されている。松村はこの結果について、凹凸の少ない圃場整備畦畔では、地際の草刈りがよりやりやすいためだろうと推測している。また、圃場整備は所有者の金銭的な負担もともなうため、一般的に整備されていない棚田にくらべて所有者の管理意識が強い。これらの理由で、圃場整備地では頻繁かつ強度の草刈りがなされ、草丈がつねに低く維持されている可能性が高いと考えられる。この草丈と植物の種数の関係を調べたところ、西谷地区の圃場整備地では草丈が低いほど多年生草本の種数が少なかった。

なぜ草丈の低いところで多年生草本が減るのか。わたしたちは、草刈りの頻度や強度が高いと多年生草本が繁殖できない（花・果実をつけられない）という仮説を立て、神戸市北区・三木市で調査した。その結果、圃場整備地では繁殖（花・果実）の見られた多年生草本の種数が、伝統的棚田にくらべて少なかった。面白いことに、一年生草本の繁殖種数は圃場整備地と伝統的棚田のあいだで差が見られなかった。一般に、一年生草本は植物高が低いときから繁殖を開始するものが多く、多年生草本は植物体が大きくなってから花をつけるものが多い。その結果、一年生草本は刈り込みによって草丈が低くおさえられても繁殖できる種が多いが、多年生草本は過剰な草刈りによって繁殖の機会が制限されてしまうのであろう。上述したとおり、適度な草刈りであれば植物間の光をめぐる競争を緩和して多様性の維持に貢献するが、圃場整備地における過剰な草刈りは植物の繁殖を制限することで多年生草本の種数減少をもたらしうるのである。わたしたちの研究結果によると、阪神地区では植物の生長する四月から一〇月の間に一、二回草刈りをおこなう里草地で最も多年生草本の多様性が高く、三回以上草刈りをおこなうところでは多様性が低いことが明らかになった。

以上、圃場整備地における環境改変（土壌栄養塩環境・草丈の変化）が植生変化や希少種の減少をもたらしうることは少しずつわかってきたが、今後別の地域でも同様の傾向が見られるのか調査し、慎重に検討していく必要があるだろう。またここでは、限られた環境要因しか検討できてないため、有効態リン酸（ほかの栄養塩）や土壌温度など植物の生長に影響を与えうる要因について、圃場整備地と伝統的棚田を比較していくことも課題としてあげられる。

耕作放棄による里草地の危機

二〇世紀以降、世界的に就農者人口が減少し、農村人口の都市への流出がつづいている。そのため、農村にとどまり営農する人口の減少、農家の高齢化が進行している。一方では農地の集約化がすすんでいるため、採算が合わない農地や維持するのが困難な農地の耕作は次々と放棄され、その後二次遷移の進行によって半自然草地的な環境がどんどん失われていっている。マクドナルドらはヨーロッパの山岳地域二四カ所の研究をレビューし、そのうちの二一カ所で程度の差はあるものの農地の放棄が進行していることを報告している。日本でも、農林水産省によって放棄された耕作地がどのくらいあるのか調査がおこなわれており、二〇〇五年度の調査では、全国で九・七％の農地が放棄され、最も耕作放棄地の多い長崎県では二七・一％にまでおよぶことがわかった。

耕作放棄は、過疎化・高齢化・機械化を背景にして起こっているため、放棄される農地には共通する傾向がある。深町加津枝らが京都府の上世屋《かみせや》で里山景観の調査をおこない、急傾斜地や舗装された道路から遠い農地が放棄されていることをあきらかにしている。わたしたちの調査地である西谷地区の水田でも耕作放棄の実態について調べたところ、標高が高く、傾斜がきつく、車の入れる道路から遠い、また東・西・北向き斜面に位置する水田、未整備の水田がより耕作放棄されることがあきらかになった。このデータは、アクセスのよくない農地、また単位努力量あたりの生産性の低い農地が放棄されていることを示している。島根県では、圃場整備率と耕作放棄率は負の相関があることが示されており、集約化のおこなわれていない水田は見捨てられる傾向があることがはっきりとわかる。

上述したように、放棄地では植生の二次遷移が進行し、高茎草本の優占する植生になったあと、場所によって森林化が進行する。松村・武田の研究によると、淡路島北部の畦畔草地では、チガヤが優占する植生（草丈〇・四〜〇・八m）から放棄二〜三年後にはすでにススキやセイタカアワダチソウが優占し、その後はネザサ類が優占する植生に変化し、種の多様性が劇的に減少してしまう。特にこれらの高茎草本の草丈は三年後には二m以上にも達し、下層の植物はその被陰の影響を受け、光をめぐる競争に負け消えてしまうようだ。キキョウなどの希少種の多くは半自然草地が管理されなくなり、ススキやネザサなどが優占しだすと五年も経たないうちに姿が見られなくなってしまう。もちろんその後、森林化がすすめば、草地環境そのものが失われてしまう。欧米では、「農地を放棄することで、農地開発によって失われた森林環境が復活し、失われた生物多様性が再生する」という再野生化（rewilding）という考え方が提唱されている。しかし、日本ではすでに多くの森林が存在するため、農地や草地の放棄による森林の増加が国内の生物多様性を高めるとは考えづらい。むしろ、現在、国内で減少の一途をたどっている草地環境が放棄によって失われることによって引き起こされる草原性生物の多様性喪失こそ問題であると考えられる（第一章）。

ここで問題となるのは、標高が高く、傾斜がきつく、舗装道路から遠い水田（つまり棚田の上部）がより耕作放棄されやすいという点である。里草地での希少種の分布については、すでに説明したとおり、貧栄養な棚田上部に集中している。耕作放棄地と希少種の分布の一致は、悲劇的な結果をもたらす。つまり、希少種は普通種より耕作放棄によってその生育環境が失われやすいということになる。

希少植物種の受難

これまでの説明から、なぜ貧栄養な環境を好む種が、里草地において絶滅の危機に追い込まれているのかを理解できると思う。過疎化・高齢化のすすんだ農村で採算のとれる（もしくはより多くの収益をあげる）農業をめざした結果、農業の集約化（圃場整備）による富栄養化と貧栄養地の耕作放棄のダブルパンチによって貧栄養な半自然草地環境が短期間のうちに急激に減少してしまったことがその主な理由である。環境省の作成したレッドリストで準絶滅危惧種に指定されているスズサイコの分布を西谷地区の里草地を約一七〇km踏査したところ、圃場整備地にはほとんど分布せず、耕作放棄される確率の高い伝統的棚田の上部に集中して分布していた。一方で、里草地でより普遍的に見られるノアザミは、圃場整備地にも多く分布し、耕作放棄されづらい棚田下部にも広く分布していた。実は、ノアザミでさえ圃場整備畦畔での分布（個体密度）は伝統的畦畔にくらべると減少していた。これは、ノアザミは圃場整備にまったく影響を受けないということではなくて、受ける影響がより小さいということを示している。多くの希少種はスズサイコと同様の分布パターンをもっている。このように現在の農業をとりまく環境は、貧栄養環境を好む植物種を集中的に減少させており、これらの種をこれからの営農のなかでどのように保全していくかが大きな課題になっていくであろう。

里草地に暮らす動物たち

里草地に暮らしているのは植物だけではない。里草地には多くの動物も生息している。里草地には植食性昆虫が多く暮らしており、阪神地区の伝統的棚田では二〇種を超えるバッタ・キリギリス類が見られる。これらの植食性昆虫のなかにも圃場整備の影響を受けるものと、そうでないものがあるようで、カヤコオロギやショウリョウバッタモドキ・クルマバッタは圃場整備の入った畦畔ではその姿をまったくといっていいほど見ることができない。チョウ類も里草地の草本を食草とするものがおり、里草地の上をひらひらと飛んでいる姿をよく目にする。第一章でも紹介があったように、絶滅危惧種であるオオルリシジミは長野県の安曇野《あずみの》では里草地を生息環境としていたが、圃場整備によって食草であるクララがなくなってしまったことによって地域的に絶滅してしまった。

里草地の植物がつける花には多くのハナバチやハナアブなどの訪花昆虫が集まってくる。西谷地区の伝統的棚田で約一一〇種の里草地植物を調査したところ、一〇〇種を超える昆虫の訪花が確認された。そのなかにはクロマルハナバチやルリモンハナバチなど減少が報告され始めたハナバチ類もふくまれていた。このように多様な昆虫種が里草地で咲く花を利用している。長野県の里草地では、絶滅危惧種のハイイロマルハナバチがクサフジに訪花するところを見ることができる。進行する里草地の植物相の変化はこれらの植食性昆虫の生育環境を大きく損ねてしまう可能性がある。たとえば、圃場整備地において草丈が低く管理されることによって、開花する植物が減少してしまえば、これらの植食性昆虫の餌がなくなり、生息することができなくなってしまう。

また、水田で繁殖するカエル類には、昆虫などを採餌する場としてもっぱら里草地を利用するものが多い。阪神地区では、圃場整備されずに昔ながらの畦畔が残っている水田で植物の調査をおこなうときに畦の上を歩くと、畦の上から田んぼや水路へトノサマガエルやアマガエル、ヌマガエルなどがぴょん

トノサマガエル　　アマガエル

図12　水田のトノサマガエルとアマガエル。かつては日本中の水田に分布していたトノサマガエルは現在では減少傾向にあり、多くの自治体レッドリストに絶滅危惧種として記載されている。アマガエルは都市部の水田でもいまだに見ることができる。

ぴょんと逃げていく姿を多く見ることができる（図12）。なかでもトノサマガエルは冬眠も里草地の半自然草地の下でおこなう。アマガエルやヌマガエルはコンクリート畦となっている都市部の水田でもその姿を見ることがしばしばあるが、トノサマガエルはコンクリート畦に囲まれた水田ではその姿を見ることはまったくといっていいほどない。アマガエルとちがい足に吸盤のないトノサマガエルは圃場整備地の三面水路（コンクリートが三面に張られた水路）に入ってしまうと出られなくなってしまうことが多い。トノサマガエルは伝統的水田では水路は里草地と接しているので草につかまって水路から上陸することができるのだが、人工的な三面水路に囲まれた圃場整備地ではその行動は著しく制限されてしまう。また、シュレーゲルアオガエルは畦畔の草むらに隠れたくぼ地で泡に包まれた卵塊を産卵する。このようにトノサマガエルやシュレーゲルアオガエルは生息環境として里草地に強く依存している。集約化のための圃場整備や都市部における畦畔のコンクリート化によってこれらのカエルは住処を失い、現在ではその減少が日本各地から報告されている。わたしは関東地方で育ったため、家の前の田んぼの畦でトノサマガエルだと思って捕まえていたカエルはトウキョウダルマガエルであったが、やはり圃場整備によって今では近所でその姿を見ることはできなくなってしまった。現在、トノサマガエルやトウキョウダルマガエルは、環境省のレッドリストで準絶滅危惧種に指定されている。西谷地区では、五月中頃から七月まで夜になると複数のカエルによる大合唱が聞こえてくる。しかし、阪神地域の街中の水田ではアマガエルとヌマガエルの声しか聞こえず、場所によっては夜になってもまったくカエルが鳴かず、とても静かな水田もある。個人的にはカエルが鳴かない水田は、生きものの気配がなく本当に怖い印象がある。

さらにカエルの多い里草地では、それを餌に集まってくるヘビの姿を見ることができる。やはり西谷地区での経験であるが、歩くたびにトノサマガエルが飛び跳ねるような里草地では、シマヘビやヤマカガシといったヘビ類やアオサギなどの鳥類を頻繁に見かける。これらのヘビ・鳥類はカエルを主な餌としており、カエルが多く豊かな水田でなければ暮らすことができない。コウノトリの野生復帰をめざす豊岡市では、農薬をほとんどつかわず多くの生物が暮らす環境を維持するための「コウノトリを育む農法」を採用している水田で、トノサマガエルなどのカエル類などが復活し、コウノトリがトノサマガエルを捕食する様子が観察されている。また、トノサマガエルが多く生息する里草地の周辺では、水路でアカハライモリが見られたり、初夏の夜にはヘイケボタルが飛び交うなど豊かな動物相が残っていることが多い。

ここで重要なのは植食性昆虫、その捕食者となるカエル類、さらに高次の捕食者であるヘビ・鳥類の多様性の基盤をなすのは、里草地において生産者である植物の多様性であるという認識をもつことであろう。近年、農業の変革期にあって、里草地の植物をとりまく環境が大きく変化してしまったため、これらの動物たちの姿もなかなか見ることができなくなってしまった。このことが、子どもたちの声が里草地から消えてしまった理由のひとつではないかと思えてならない。

里草地のかわりはあるのか

もちろん里草地の動植物のなかには里草地以外にも、阿蘇などのより広い半自然草地でも暮らしている種もいる。温帯草甸要素の動植物などがそれにあたる。しかし、採草地や放牧地などの半自然草地は、利用価値が低下してしまったと同時に、維持管理に多大な金銭的・人的資源を必要とするため管理放棄がすすみ、その面積は縮小の一途である（第一章・第二章）。近年、火入れによって広大な面積が維持されてきた半自然草地を歴史的文化景観として、また観光資源として復活させる活動もさかんになってきたが、今後維持管理しつづけられる保証のある半自然草地はごく限られている。また、里草地に見られる生物は自然攪乱のある河川敷にも暮らすことがあるが、治水の観点から河川周囲では自然攪乱の影響が人工的に減じられることが多く、河川敷も攪乱を必要とする里草地の植物にむかない環境になりつつある。つまり、広大な半自然草地も河川敷の草地も、里草地の植物にとって戻れる環境ではなくなってきてしまった。また、水田の伝播とともに里草地に侵入してきた生物たちは、ほぼ里草地でしか見られない。このように、里草地は自然撹乱・人為撹乱に適応した生物たちにとって今やとても貴重な生育・生息環境なのである。

一方で視点を変えると、里草地は農家がコメを生産しつづける限りは草地環境が維持管理されるため、大きな半自然草地よりは永続性が高いと考えられるし、河川敷よりは定期的な撹乱が維持されつづけるであろう。この点において、高い生物多様性を維持できるよい里草地環境を保全・維持しつづけるための方法論さえ確立されれば、里草地の生きものは日本全国で暮らしつづけられるのかもしれない。

水田生態系および里草地の保全

水田が日本中に広がって以来、動植物にとって多様な生息・生育環境を与えてきた里草地であるが、圃場整備や管理放棄によってその様相は大きく変わってしまった。上述のとおり、圃場整備はすでに国内の六割以上の水田環境を変えてしまっている。一方で、圃場整備されない水田は耕作放棄され、その割合は全国の耕地面積の一割ほどにもなる。つまり、現在、七割以上の水田・里草地環境がかつて見られたものとは異なったものになってしまっているのである。かつては日本中の里草地で見られた多くの動植物が、国や自治体の策定したレッドリストにのり、ごくわずかに限られた里草地でしかその姿を見ることができない希少種となってしまった。

わたしたち研究をおこなうものにとって、よい調査地を見つけることは、自然を学び、よい研究結果を得るために非常に大切なことである。しかし、かつて里草地がどのような状況だったのか、その様子を現在にもとどめている里草地を探すことは非常に困難になっている。わたしも、関西圏で調査地を探して多くの水田を見て回ったが、希少種が多く残る水田は、見つけるととてもうれしくなってしまうくらい、稀なものになってしまった。さまざまな水田をめぐっていると、面白いと思うことがある。それは希少な植物種をひとつでも見つけることができれば、まわりを見渡せばほかの希少植物種も希少動物種も容易に見つけることができるということである。残された伝統的な水田環境は箱船のように多くの希少な動植物を一緒に現在に運んできてくれている。わたしたちはこれをローカル生物多様性ホットスポットとよんでいる。第一章でも述べられているように、生物多様性ホットスポットとはマイヤーズらによって提唱され、保全努力を集中させるべき種の多様性や絶滅危惧種・固有種の多様性が高く、かつ人為的な影響によってその多様性が急激に失われる可能性が高いエリアをさすことばである。金銭的にも人的にも生物保全にあてられる資源が限られており、すべての里草地においてすべての生物を保全することができない場合、水田のローカル生物多様性ホットスポットを優先的に保全することで少しでも多くの生物種を守ることができる。しかし、このような水田のローカル生物多様性ホットスポットの多くは、そう遠くない未来には圃場整備や放棄によって失われてしまうかもしれない。わたしの研究室でここ数年調査させてもらっている伝統的水田が多く残る地区でも、圃場整備がおこなわれてしまった。この地区では、現在キキョウやオミナエシ・アリマウマノスズクサ・シュレーゲルアオガエル・カスミサンショウウオ・アカハライモリなど多くの希少な生物を見ることができたのだが、非常に残念である。わたしの祖父母も農業をしていたので、営農のためには圃場整備をおこなった方がさまざまな面で効率がよいことは理解できるし、効率化がすすまないと農業自体をつづけられないという現状があることも理解できる。しかし、水田がコメをつくる工場のようになってしまっていいのだろうかと、つねに考えてしまう。わたしたちの世代までは子どもの頃に里草地の多様な生きものたちに、かけがえのない体験を多くさせてもらった。今後、子どもたちからその機会をうばってしまっていいのであろうか。農家の減少・高齢化や海外の農作物との競争を背景として農業の効率化が求められるなかで、希少種が暮らせる貴重な水田環境をどのように守り、後世に伝えていったらよいのか、また希少種が暮らせる里草地環境をもう一度増やすにはどうしたらよいのか。それが現在の大きな課題である。

一般にはあまり知られていないが、一九九三年に生物多様性条約（正式には生物の多様性に関する条約）を締結した日本では、国内の生物多様性を保全していく上での指針となる生物多様性国家戦略を策定している。また二〇〇八年には生物多様性基本法も公布され、生物多様性国家戦略を国の多様性保全のための計画の基本とするとしている。環境省によって、一九九五年に初めて公布された生物多様性国家戦略は何度かの改訂を経て、最新の「生物多様性国家戦略２０１２―２０２０」が発表されている。そのなかでは、日本人の原風景のひとつとして、また日本人のライフスタイルや心をつくり上げてきたものとして、さらに日本の生物多様性の中心のひとつとして水田生態系の重要性があげられている。そして現在大きく変貌してしまった水田生態系をかつての姿に戻すことが主張され、今後二一世紀において農村地帯の水田生態系をどのように維持管理すべきかそのめざす姿が掲げられている。ここでは原文をそのまま引用し、その意味を考えたい。

望ましい地域のイメージ

「農地を中心とした地域では、自然界の循環機能を活かし、生物多様性の保全をより重視した生産手法で農業が行われ、田んぼをはじめとする農地にさまざまな生物が生き生きと暮らしている。農業の生産基盤を整備する際には、ため池や畦が豊かな生物多様性が保たれるように管理され、田んぼと河川との生態的なつながりが確保されるなど、昔から農業の営みとともに維持されてきた動植物が身近に生息・生育している。そのまわりでは、子どもたちが虫取りや花摘みをして遊び、健全な農地の生態系を活かして農家の人たちと地域の学校の生徒たちが一緒に生物の調査を行い、地域の中の豊かな人のつながりが生まれている。耕作が放棄されていた農地は、一部が湿地やビオトープとなるとともに、多様な生物を育む有機農業をはじめとする環境保全型農業が広がることによって国内の農業が活性化しており、農地として維持されている。また、生物多様性の保全の取組を進めた全国の先進的な地域では、タンチョウやコウノトリ、トキなどが餌をついばみ、大空を優雅に飛ぶなど人々の生活圏の中が生きものにあふれている。都市に近い地域では、動植物種の供給源となり、エコロジカルネットワークを形成するとともに、住民の自然とのふれあいの場等となっている。」

このなかで、あるべき姿として描かれているのは、コメ生産の場としてだけでなく、生物多様性の残る場としてというだけでもなく、「食の基盤」「生物多様性」「ひとの文化的生活」を有機的にむすびつける、ひとを豊かにし、成長させる場としての水田生態系なのである。また、都市周辺に小規模に残った水田に関しては、

「都市の郊外部の谷にある小規模な水田などで、保全活動が活発に行われ、共同で管理される農地で人々がいきいきと農作業などに携わるとともに、その作業のまわりで子どもたちが魚取りや水遊びに歓声をあげている。」

として、やはりひとと水田生態系のかかわりを取り戻すことが目標とされている。里草地から失われてしまった子どもの声を取り戻すことが、国の指針としても示されている。わたしたちの研究室では、ここ数年間、阪神地区の都市部にある水田の里草地についても調査をつづけてきたが、伝統的な管理のなされている里山の里草地にくらべて、在来の多年生草本やチョウ類、バッタ類、訪花性昆虫類の種数が半分ほどになっていることがわかった。都市部の里草地では、土壌の富栄養化や草刈り頻度の増加など大きな環境変化がみられ、それらが生物多様性の減少を引き起こしているようだ。今後、多様性保全に対して早急な対策をとることが求められる。

また国際的にも、二〇〇八年に韓国の昌原《チャンウォン》で開かれたラムサール条約の締約国会議において「湿地シ

ステムとしての水田の生物多様性の向上（水田決議）」が採択され、水田生態系の生物多様性保全に果たす重要性が認識された。ここでは、爬虫類や両生類、昆虫類など鳥類の餌となりうる生物の多様性保全が奨励されている。さらに、二〇一〇年の一〇月に名古屋でおこなわれた、生物多様性条約第一〇回締約国会議（COP10、10th Conference of the parties）ではSATOYAMAイニシアティブ推進の決定が採択され、水田生態系をふくめた伝統的な農林業生態系（半自然生態系）保全の必要性の認識、およびその保全のための早急かつ効果的な対策が世界的に求められることになった。SATOYAMAイニシアティブのなかでも、ただ農林業生態系において生物多様性を保全するという以上に、農林業生態系をモデルに自然共生社会の構築を長期的な目標として掲げている。二〇世紀に大きく失われてしまったひとと自然のつながりを取り戻す過程のひとつとして、水田生態系―里草地の生物多様性が復活し、人々の生活とむすびつく未来が期待されている。

どのように里草地および水田生態系を守っていくのか

これまで述べてきたように、国内的にも国際的にも水田生態系の生物多様性を保全し、かつ多様なひととのかかわりを強めることが二一世紀には求められることになった。しかし、農業の効率化・国際化が求められるなかで、水田での生物多様性保全をなしうることは容易ではない。どのように里草地をふくめた水田生態系の生物多様性を二二世紀まで届けたらよいのであろうか。どのようにするのが望ましいのかについてのわたしの意見を述べ、それを実現させるためにはどのようなことが必要なのかについてふれたい。ここではまず、実際に実行できるかどうかは問わず、極端なくらいの考えを示してみたい。

まず、緊急にすべきことは、現時点でより多くの希少種が生育・生息している水田・里草地を見つけだし、水田のローカル生物多様性ホットスポットとして認定し、その分布地図を作成することである。希少種の減少は加速度的に進行している。しかし、それら希少種の保全を考えたときに国土の一〇％以上を占める農耕地（四六七万ha、平成一八年農水省調べ）のすべてを保全の対象とすることはとうていできない。ローカル生物多様性ホットスポットは水田生態系の多様性を残す上で最も保全の優先順位が高い場所となる。ローカル生物多様性ホットスポットを見つけだす作業はもちろん簡単ではない。しかし、現在では Google や Yahoo! などのインターネット企業が提供している地図サービスを利用すればインターネット・携帯端末上で簡単に航空写真が見られる。圃場整備がなされておらず、耕作放棄もされていない水田は、航空写真を利用すれば比較的簡単に認識できる（図10）。圃場整備の有無は個々の水田のかたちや大きさですぐに判断できるし、耕作放棄されている場所は写真に写った色から識別することができる。また、標高の情報もつかえば、棚田かどうかもすぐにわかる。

わたしたちの研究室でも、この航空写真や地図のサービスを利用して伝統的棚田の環境が残っている場所を見つけだし、実際に現地を訪れて希少な動植物が見られるかどうか確認するということをおこなっている。そして、ローカル生物多様性ホットスポットである棚田を多く見つけてきた。この方法をつかえば、より効率的に保全すべき地域を見つけだすことができる。また、それぞれの地域で生物の分布を研究しているひとたちからも積極的に情報提供を受ける必要がある。自治体などを中心にローカル生物多様性ホットスポット地図を作成し、保全上重要な地域を少しでも早く見つけだすことが重要である。

次にこれらのローカル生物多様性ホットスポットにおいてはコストがかかっても現状を維持し、そこでの生物多様性の保全に努める必要がある。いまだ人類は単純な生命ですらつくり出すことはできない。ましてや一度絶滅した種を復活させることは不可能である。つまり一度失われた、生物多様性は二度と取り戻せない。よその地域から移入されたものは、姿・かたちは似ていたとしても、それまでそこで生きていた生物たちとは遺伝的には異なっていることが多く、同じ生物が復活するというわけではない。コウノトリやトキは日本では一度絶滅してしまい、今、豊岡や佐渡で飼育されている個体はロシアや中国に生息していたものを再導入したものである。このことがどういうことか真剣に考えるためには、コウノトリやトキをひとに置き換えて考えてみればよいと思う。ある場所から一度絶滅というかたちでその生物を失ってしまうことがどういう意味をもつか、より身近に感じてもらえるだろう。

今日本から失われつつある生物たちをせめて現在残っている場所だけでも最後の砦として守っていってほしい。特に里草地の希少種が集中する棚田上部の畦畔は放棄されやすいため、早急にその管理を維持するための方策を考えなくてはならない。たとえば、補助金など国や自治体から援助を所有者に出してでも圃場整備させず、なおかつ管理が放棄されないようにして積極的に生物多様性を守っていくことが望ましい。福岡県などの先進県では環境支払いなどの制度がすでにできている例もある。高齢化などの理由で所有者による管理ができない場合でも、個人的に小規模の農業をおこないたい街のひとや

NGO、ボランティアなどの力を借りて管理を維持しつづける方策を探すべきである。

しかし、これらのアイデアの実行は言うは易くおこなうはむずかしいかもしれない。問題点は水田生態系のほとんどは個人所有の土地であるということである。たとえそこがローカル生物多様性ホットスポットであっても、所有者がこれまでの管理を継続し生物多様性が高い水田を維持することやよその人が水田に入って作業することを望まなければ、その場の環境や生物多様性は失われてしまう。だが、これも現状では仕方がないことである。そのため生物多様性を保全することは国民にとっての財産となるが、その土地は個人の財産なのである。そのためローカル生物多様性ホットスポットの所有者に、その水田の貴重さを伝え、理解してもらう努力を絶えずつづけることが必要となる。最近では、兵庫県豊岡市において「コウノトリを育む農法」で栽培されたコメをコウノトリの郷米というブランド米として売り出すなど、生物保全に貢献する水田で生産されるコメに付加価値をつけて売り出す動きがある。豊岡市ではブランド米として高くコメを売れるということで「コウノトリを育む農法」を採用する農家が増加したそうだ。希少種を多く育む棚田でとれたコメをブランド米として自治体が認証するなど、水田における生物多様性保全への農家の経済的なイニシアティブを社会的につくり出していく必要もあるだろう。このとき、都市域にすむ市民にはブランド米を積極的に購入するという姿勢が求められるだろう。これは、日本の国土における生物多様性保全に対して特定のひと（農家）だけが負担を背負うという構造を変え、国民全体で生物多様性や農地環境の保全をおこなっていくというしくみをつくる上で非常に重要である。

個人的には食はひとが生きる上で最も基本的な要素であり、日本食の中心のひとつであるコメについては消費者がもう少し負担してもいいのではないかと常々感じている。

日本列島に暮らすひとびとが一万年以上にわたって維持してきた草甸植生（第一章・第二章参照）、その上に成り立った水田とその生物多様性を壊してしまってよいのか、日本社会全体で考えるときである。

また、米作効率化を錦の御旗に拡大しつづける圃場整備事業においては、耕作効率だけでなく生物多様性保全にも配慮した取り組みが必要となる。圃場整備地では水田環境が整備後も長く維持されつづけることが期待されるため、一度生物相が破壊されてしまった圃場整備地に希少種をふくめた生物多様性が戻れる環境を再びつくり出す努力が必要である。農林水産省では、「環境との調和に配慮した事業実施のための調査計画・設計の手引き」を作成し、圃場整備地において生物多様性の復活を促進していく姿勢を見せている。そのなかでは、環境配慮型の圃場整備をおこなうために、生物相などの調査→調査結果をふまえた環境保全目標の設定→保全対象生物の設定→整備エリアの設定→その地域の特性を考慮し具体的な配慮対策の検討→環境配慮にかかわる維持管理計画の策定を事前におこない、所有者や自治体、および設計施工担当者のあいだで十分に検討することを求めている。また、設計・施行にあたっては、新しい技術も用いながら目標を実現するために柔軟に対応すること、さらに施行後には環境モニタリングをつづけ、その結果に基づく順応的管理をおこなっていくことを推奨している。これを実際にどこまでおこなえるかは、その地域の事情に大きく依存するであろうが、なるべくこの指針に沿ったかたちで圃場整備がおこなわれることが望ましい。

この圃場整備に関する手引きでは、動物と湿地性の植物が保全の主な対象として書かれているが、里草地の草原性植物の保全も積極的に意識されるべきである。たとえば、圃場整備地では表土が取り去られてしまうことで、植物相の復活に時間がかかってしまうことは上述した。圃場整備事業は日本各地の水田を対象におこなわれているため、その生物多様性に与える影響は非常に大きい。特に大規模（大面積）におこなわれる圃場整備事業は対象地域の水田性の生物を根こそぎ取り去ってしまうために、圃場整備が完了したあとも生物が水田に戻ってくることができなくなってしまい、繁殖力の強い外来種などが優占する生態系をつくり出してしまう可能性が高い。圃場整備をするにしても一度に工事をおこなう対象域をなるべく小さく設定し、整備後に周辺の水田からの生物の移入が容易になるようにすべきであろう。特に植生の回復は動物相の回復にも通じるため、なるべくその時間を短縮する必要がある。もし、植物の地下茎や休眠種子などが残る表土を別の場所で保存しておき、畦が整形されたあとにその上に戻すことができれば植物相の復活は早まるであろう。畦畔のなかでも、希少種の多様性の高い棚田上部のものはできれば手を入れずに残すことが望ましいが、最悪でもその表土は保存しなければその水田生態系の多様性は多く失われるであろう。

わたしたちがこれまで調査してきた西谷地区の圃場整備地のなかには、ごくわずかではあるが、畦畔にキキョウやミズギボウシ・キクバヤマボクチ・ワレモコウなどの希少な植物が復活している場所があった。わたしたちが観察する限りでは、このような圃場整備地では、ため池の堰堤や林縁の里草地は圃場整備によって改変されておらず、そこに生育する植物が種を飛ばすことで、林縁やため池から近い畦畔でのみ希少種が復活しているようである。圃場整備の際にため池や林縁の堰堤は最低限手をつけずに残し、そこを整備後の希少種などの種子源として機能させるようにする必要があると考えられる。また圃場整備地で植生変化を引き起こすメカニズムは未解明の部分が多い。圃場整備地のどのような環境が多年生草本（希少種）の再移入を妨げているのかメカニズムの解明を急ぎ、圃場整備地における植生回復のための方法論を確立していくことが必要である。

アジアやヨーロッパなど古くから農業が営まれてきた地域では、ひとの手によって生みだされてきた農地に特有の生態系を多くの生物がよりどころとして暮らしてきた。もともと農業自体は大きな環境改変だったのであるが、人間がつくり出した新たな環境に適応した生物たちの登場によって豊かな生態系が築かれてきたのである。日本でも、ひとびとは食糧生産の場である水田において、多様な生きものたちとともに暮らし、生活のなかでその多様性を利用し、愛でる農文化をつくってきた。高度経済成長以降は、米作の多くが農薬によって害虫や雑草を減らした圃場整備水田においておこなわれている。つまり、効率化や生産性増加のために不要だと思われる生物多様性を排除した農文化へ移行してしまった。また一方で、手を入れられない水田は放棄され荒れ果てた状態になってしまっている。

ひとの健康や環境への負荷を考慮し二一世紀に入ってからは「より環境保全を重視した営農を行うことで消費者にも支持される食料供給を実現すること」が農林水産省の指針としても出されている。その指針に沿い、かつて日本のどこでも見られたような多様な生物が暮らす水田が復活し、ひとびとがそれとともに暮らす二一世紀にしていく必要があるだろう。二〇世紀半ばに生物多様性のなかで育った子どもたちの多くは鉄腕アトムに描かれた二一世紀を理想としてきた。しかし、二〇世紀に失ったものの大きさに気づかされた今、わたしたちはかつてとはちがう二一世紀像をもたなくてはならないのではないだろうか。

水田は日本人の主食となってきたコメを生産する場であったが、同時に多くの生物を育む日本の生物多様性の中心地でもあった。その生物多様性は日本人の原風景の一部となっている。ヘイケボタルやアキアカネが飛び交い、多様なカエルやバッタ類が鳴き交わし、ドジョウやフナ類が泳ぎ回る、畦にはオミナエシやキキョウが咲きほこる水田に郷愁を感じるひとは少なくないであろう。都市に人口が集中するようになり、里山の水田環境は大きく様変わりしようとしている。何とかこの変化を押しとどめ、また変化の方向を一八〇度変えて生物多様性にあふれた水田を復活させていかなくてはならない。課題山積ではあるが、水田環境や里草地における生物多様性の減少スピードは非常に速いため、その保全にはできることからどんどん始めていかなければならない。子どもたちの遊ぶ姿が見られる水田、里草地を二二世紀にも残すためにはそんなに時間の猶予はないように思われる。

あとがき

本書が誕生するにいたった経緯を説明し、そこでお世話になった方々への感謝の気持ちを記したい。二〇一〇年三月二七日、三重大学生物資源学部で、日本草地学会大会の自由シンポジウム「生物多様性と半自然草地――成立と維持に向けた戦略」が開催された。このシンポジウムを企画されたのは、杉山修一（弘前大学）・高橋佳孝（近畿中国四国農業研究センター）の両氏であった。このシンポジウムの案内をご覧になった築地書館の土井二郎氏が、同年三月上旬、シンポジウムの講演者のひとりであった須賀宛に連絡をくださった。

植林された樹木や笹、クズなどでおおわれている里山も、昔はずいぶん見晴らしのよい半自然草地だったのではないか、シンポジウムの内容なども一部織り込んで、日本列島の草地の歴史やその生態学・生物多様性についてのあまり肩のこらない本をつくれないか、というのがその内容であった。

進行中の類書の企画などとの異同を検討した結果、できあがったこの本のようなかたちで執筆を分担することになった。つまり日本列島の後氷期の草原の歴史と分布形成を須賀が概説し（序章・第一章）、その歴史を復元する方法やひととのかかわりの歴史を岡本が詳説（第二章）、現在も水田の周囲など身近に残る草地の生態と保全について丑丸が論じることになった（第三章）。岡本と丑丸は上記のシンポジウムには参加していなかったが、須賀とこの本のテーマに対する関心を共有し、また以前からこれについてそれぞれの分野で研究をつづけてきたことから、執筆を分担することとなった。執筆の過程では、三人で相互に原稿をチェックし、修正や加筆に反映させた。このような構成により、日本の草地の長い歴史と現在の姿とを、進行中の新しい研究の視点から比較的コンパクトに紹介する本になったのではないかと考えている。インターネットや大きな書店で調べても、現在このような本はほとんど刊行されておらず、土井氏の慧眼にあらためて教えられた思いである（なお、上記のシンポジウムの内容は、日本草地学会誌第56巻第3号の特集として別に編集・刊行された）。

日本の半自然草地とひととのかかわりは、歴史・文化・生態学・環境保全などのさまざまな側面から興味深い問題を投げかけている。本書の執筆にあたっては、可能な限り視野を広げて幅広い事例をあつかうよう努めたが、それでも各執筆者が直接調査の対象としてきた地域や事例に偏してしまったことは否めない。読者のみなさんが、それぞれに新しい地域や事例を対象にこれらのテーマを掘り下げてくだされば、執筆者一同、望外の喜びである。

本書は、多くの方々と団体のご教示・ご支援の賜物である。しかしもし文中に誤りなどがあれば、もちろんわたしたち執筆者の責任である。

序章・第一章のもととなった研究は、総合地球環境学研究所プロジェクト〝日本列島における人間―自然相互関係の歴史的・文化的検討〟の補助を受けている。このなかには、すでに発表した刊行物（第一章の参考文献に記載）に記した内容や掲載済みの写真がふくまれる。序章・第一章は、これらの素材に新たな観点を加えて再構成したものである。これらの刊行物と序章・第一章の執筆の過程で、田端英雄・田中洋之・佐々木尚子・飯沼賢司・大住克博・湯本貴和・中村寛志・江田慧子・中村康弘・川上美保子・今城治子・高橋佳孝・加藤真ならびに長野県環境保全研究所の諸氏をはじめ、多くの方々からご教示とご支援をいただいた。

第二章を構成するもととなったのは、池田重人・相澤州平・大住克博ら森林総合研究所東北支所の諸氏とともにおこなった研究である。本章の一部は、日本学術振興会科学研究費補助金基盤研究Ｂ「陸域縞状炭酸塩（鍾乳石とトゥファ）からひとと自然の関わりを紐解く」（課題番号：２２３１００１１、代表者：吉村和久）および基盤研究Ｃ「過去の土地利用が生態系の炭素、養分の蓄積及び植物の養分利用に与える影響」（課題番号：２２５８０１７５、代表者：長谷川元洋）の補助を受けておこなった研究の成果をふくんでいる。史資料の収集に際しては、各地の図書館、博物館、美術館、文書館の司書・学芸員の方々にご協力いただいた。また、多くの仲間たちがフィールドをともに歩き、議論を深めてくれた。

第三章を構成するもととなる研究は、神戸大学発達科学部および人間発達環境学研究科の学生・大学院生達、出口詩乃・鈴木健司・植松裕太・古賀達朗・小原亮平・辻真理奈・卯田剛志・道本久美子・鈴木良・永田優子・泉澤俊希・藤本泰樹・清水健将・内田圭・大澤剛士、兵庫県人と自然の博物館の三橋弘宗らの諸氏とともに日本学術振興会科学研究費補助金・若手研究（Ｂ）２０７７００１５及び基盤研究（Ｃ）２３５７００２４、神戸大学人間発達環境学研究科・研究推進支援経費の補助を受けておこなった。武田義明・水田光雄・今住悦将の諸氏には調査地に生育する植物について多くのご教示をいただいた。里草地での野外調査では、宝塚市西谷地区や神戸市北区・三木市・三田市の水田を所有されている方々には棚田へ調査に入ることを許可していただき、時には収穫されたサツマイモや黒豆を分けていただくなど大変お世話になった。

築地書館の柴萩正嗣氏は、執筆の遅れやたびかさなる編集上の無理なお願いに忍耐強くおつきあいくださり、また的確でわかりやすい指示で本書を完成まで導いてくださった。万葉人も目にしたであろう半自然草地を思わせる柴萩さんのお名前と、それとともに届けられるコメントは、つねにわたしたちにとって励みになった。にもかかわらず本書の刊行は、最初に土井氏にお示しいただいたスケジュールから約一年も遅れることとなってしまった。これはひとえに、多忙にかまけつづけたわたしたち執筆者一同の責任である。同書館の宮田可南子氏と土井氏には、索引の作成など、最後の仕上げでたいへんお世話になった。

以上の方々および団体に対して、心から感謝の意を表します。

須賀　丈
岡本　透
丑丸敦史

増補にあたって

近代の初めから急増しつづけてきた日本の人口は、二〇〇八年をピークに減少に転じた。それを受けたさまざまな地域づくりの実践が各地でおこなわれている。地球環境への人間活動の影響が、すでに収容力の限界を超えたとの認識も広まりつつある。この危機への対応を、そうした地域づくりのなかで実現しようとする動きも目につくようになった。これらはおそらく歴史的にもひとつの転換点を示すものであり、現在を起点として、ここからの連鎖は長くつづく可能性がある。

その過程で、私たちの社会の自然との向き合い方にも転換を求められる側面があるであろう。過去に日本列島で生きたひとびとがどのように生物資源を利用し、結果として自然景観や生物相をどのような姿で維持し、推移させてきたかを振り返ることには、そのような面でも意味があるにちがいない。二〇一三年には「阿蘇の草原の維持と持続的農業」や「静岡の茶草場農法」が世界農業遺産に認定されるなど、日本列島で生業を営むひとびとが伝統的におこなってきた草原維持の活動と、そのなかで育まれた文化の価値をあらためて認識させられる機会も増えている。

こうした転換点と時を同じくしたためでもあろうか、二〇一二年の本書の初版刊行と前後して、日本列島の草地の歴史やその保全にかかわる優れた書籍や研究成果がさまざまな分野から相次いで刊行された。また以前から知られていた文献・資料のなかに、初版の時点では気づくことのできなかった重要性をもつものが存在することを、著者ら自身が知る機会にも恵まれた。市民や行政の取り組みにも初版以後に進展を見せたものがあった。

　こうしたことから今回、現状に合わなくなった初版の記述をあらため、また初版にあった記述の誤りを修正した。新しい研究や実践の展開のうち、初版の内容にかかわる範囲で特に重要と考えたものを記述や参考文献に加えた。この分野の研究・実践はこれからもさらに展開していくと思われるが、本書がその足がかりのひとつになればさいわいである。

　増補版発行にあたって築地書館の土井二郎氏はこのような改訂を加えることをおすすめくださり、また橋本ひとみ氏は全体を丁寧にチェックし整えてくださった。このお二人と、増補を可能にし、助けてくださったすべてのみなさまに、心から感謝いたします。

二〇一八年一一月三〇日

須賀　丈
岡本　透
丑丸敦史

参考文献

口絵

森林立地懇話会　日本森林立地図土壌図　一九七二

序章

岡本透　土壌と土地利用――黒色土の由来　二〇〇五『森の生態史――北上山地の景観とその成り立ち』（大住克博・杉田久志・池田重人 編）七二―八六頁　古今書院

岡本透　森林土壌に残された火の痕跡　二〇〇九　森林科学55：一八―二三頁

小椋純一　火からみた江戸～明治の森林植生　二〇〇九　森林科学55：五―九頁

小椋純一『森と草原の歴史――日本の植生景観はどのように移り変わってきたのか』二〇一二　古今書院

軽井沢サクラソウ会議 編『もう一度見たい！　軽井沢の草原・湿原』二〇〇五　軽井沢サクラソウ会議

国木田独歩『武蔵野』一九四九（一九九三改版）〈新潮文庫〉新潮社

須賀丈　草原の日本文化　二〇一五　季刊民族学153：三―一六頁

高原光　日本列島の最終氷期以降の植生変遷と火事　二〇〇九　森林科学55：一〇―一三頁

ヒューブナー、アレクサンダー・F・V（市川慎一・松本雅弘 訳）『オーストリア外交官の明治維新――世界周遊記〈日本篇〉』一九八八　新人物往来社

堀辰雄『風立ちぬ・美しい村』一九五一〈新潮文庫〉新潮社

マン、チャールズ・C（布施由紀子訳）『1491――先コロンブス期アメリカ大陸をめぐる新発見』二〇〇七　日本放送出版協会

柳田国男『明治大正史 世相篇』二〇〇一〈中公クラシックス〉中央公論新社

養父志乃夫『里地里山文化論（上・下）』二〇〇九　農山漁村文化協会
湯本貴和 編『シリーズ　日本列島の三万五千年――人と自然の環境史 第2巻 野と原の環境史』（佐藤宏之・飯沼賢司 責任編集）二〇一一　文一総合出版
Roberts, N. (2014) The Holocene : An Environmental History. Third Edition. 364p. Wiley Blackwell.
Szabó, P. (2015) Historical ecology : past, present and future. Biological Reviews 90(4), 997–1014.

第一章

網野善彦『東と西の語る日本の歴史』一九九八〈講談社学術文庫〉講談社
有岡利幸『里山Ⅰ』二〇〇四　法政大学出版局
飯沼賢司『環境歴史学とはなにか』二〇〇四〈日本史リブレット〉山川出版社
市川健夫『信州学大全』二〇〇四　信濃毎日新聞社
梅棹忠夫『文明の生態史観』一九七四〈中公文庫〉中央公論社
浦山佳恵・富樫均・畑中健一郎　語りからみた戦前の信州の里山の暮らし　二〇〇六　長野県環境保全研究所 研究プロジェクト成果報告5：八三―八八頁
大石慎三郎『江戸時代』一九七七〈中公新書〉中央公論社
大窪久美子・土田勝義　半自然草原の自然保護　一九九八『自然保護ハンドブック』（沼田眞 編）四三一―四七六頁　朝倉書店
大住克博　人為攪乱と二次的植生景観――草原と白樺林　二〇〇五『森の生態史――北上山地の景観とその成り立ち』（大住克博・杉田久志・池田重人 編）五四―七二頁　古今書院
大林太良『東と西 海と山――日本の文化領域』一九九〇　小学館
大林太良『北の神々　南の英雄――列島のフォークロア12章』一九九五　小学館
岡本透　土壌と土地利用――黒色土の由来　二〇〇五『森の生態史――北上山地の景観とその成り立ち』（大住克博・杉田久志・池田重人 編）七三―八六頁　古今書院

岡本透　森林土壌に残された火の痕跡　二〇〇九　森林科学55：一八―二三頁
小椋純一『絵図から読み解く人と景観の歴史』一九九二　雄山閣
小椋純一『植生からよむ日本人のくらし――明治期を中心に』一九九六　雄山閣
小椋純一　日本の草地面積の変遷　二〇〇六　京都精華大学紀要30：一五九―一七二頁
小椋純一　火からみた江戸～明治の森林植生　二〇〇九　森林科学55：五―九頁
小椋純一『森と草原の歴史――日本の植生景観はどのように移り変わってきたのか』二〇一二　古今書院
小畑弘己『タネをまく縄文人――最新科学が覆す農耕の起源』二〇一六　吉川弘文館
片倉正行　土石流により現れた縄文と古代――埋没性黒色土層　二〇一一『信州の草原――その歴史をさぐる』（湯本貴和・須賀丈 編）六三―七九頁　ほおずき書籍
片倉正行・小山泰弘・山内仁人　平成一八年七月豪雨により岡谷市等で発生した土石流の発生状況と自然環境要因　二〇〇九　長野県林業総合センター研究報23：一―一三頁
加藤真　原野の自然と風光――日本列島の自然草原と半自然草原　二〇〇六　エコソフィア18：四―一一頁
環境庁 編『改訂・日本の絶滅のおそれのある野生生物――レッドデータブック植物Ⅰ（維管束植物）』二〇〇〇　財団法人自然環境研究センター
環境省 編『改訂・日本の絶滅のおそれのある野生生物――レッドデータブック昆虫類』二〇〇六　財団法人自然環境研究センター
環境省 編『レッドデータブック2014――日本の絶滅のおそれのある野生生物　5 昆虫類』二〇一五　ぎょうせい
環境省 編『レッドデータブック2014――日本の絶滅のおそれのある野生生物　8 植物Ⅰ（維管束植物）』二〇一五　ぎょうせい
鬼頭昭雄『異常気象と地球温暖化――未来に何が待っているか』二〇一五〈岩波新書〉岩波書店
鬼頭宏『人口から読む日本の歴史』二〇〇〇〈講談社学術文庫〉講談社
江田慧子・中村寛志　長野県安曇野における野焼きがメアカタマゴバチによるオオルリシジミ卵への寄生に及ぼす影

響について　二〇一〇　環動昆21（2）：九三―九八頁
佐々木高明『日本文化の多様性』二〇〇九　小学館
佐瀬隆・細野衛　長野県中部高地、広原湿原周辺域に分布する黒ボク土層の意味　二〇一八　資源環境と人類8：一七―三〇頁
佐竹昭広・山田英雄・工藤力男・大谷雅夫・山崎福之 校注『万葉集（一）』二〇一三〈岩波文庫〉岩波書店
佐竹昭広・山田英雄・工藤力男・大谷雅夫・山崎福之 校注『万葉集（二）』二〇一三〈岩波文庫〉岩波書店
サトウ、アーネスト（庄田元男訳）『日本旅行日記1』一九九二〈東洋文庫〉平凡社
島崎藤村『千曲川のスケッチ』一九五五（二〇〇四改版）〈新潮文庫〉新潮社
小路敦　野草地保全に向けた景観生態学的取組み　二〇〇三　日本草地学会誌48（6）：五五七―五六三頁
白石太一郎『古墳とその時代』二〇〇一〈日本史リブレット〉山川出版社
白石太一郎『考古学と古代史のあいだ』二〇〇九〈ちくま学芸文庫〉筑摩書房
森林総合研究所　第Ⅰ期中期計画成果集22　地球環境変動の森林への影響と予測　温暖化の影響とその対策研究の成果　二〇〇七
須賀丈　中部山岳域における半自然草原の変遷史と草原性生物の保全　二〇〇八　長野県環境保全研究所研究報告4：一七―三一頁
須賀丈　長野県の半自然草地――その変遷史と分布　二〇一〇『草地科学シリーズ2 草地の生態と保全――家畜生産と生物多様性の調和に向けて』（日本草地学会 編）一一〇―一二七頁　学会出版センター
須賀丈　半自然草地の変遷史と草原性生物の分布　二〇一〇　日本草地学会誌56（3）：二二五―二三〇頁
須賀丈　半自然草原とチョウ　二〇一一『山岳科学ブックレット7　蝶からのメッセージ――地球環境を見つめよう』（中村寛志・江田慧子 編）八六―九六頁　オフィスエム
須賀丈　草原の日本文化　二〇一五　季刊民族学153：三―一六頁
須賀丈　地域資源のデザインと生物文化多様性への視点　二〇一八　Wildlife Forum 23（1）：八―九頁
須賀丈・丑丸敦史・田中洋之　日本列島における草原の歴史と草原の植物相・昆虫相　二〇一一『シリーズ　日本

列島の三万五千年――人と自然の環境史 第2巻 野と原の環境史』(湯本貴和 編、佐藤宏之・飯沼賢司 責任編集)
一〇一―一二二頁 文一総合出版
ダイアモンド、ジャレド(倉骨彰訳)『銃・病原菌・鉄(上)』二〇〇〇 草思社
高原光 日本列島の最終氷期以降の植生変遷と火事 二〇〇九 森林科学55:一〇―一三頁
武内和彦『世界農業遺産――注目される日本の里地里山』二〇一三〈祥伝社新書〉祥伝社
滝久智 伐採地でふえる花粉媒介昆虫たち 二〇一七 季刊森林総研39:一〇頁
武田久吉『明治の山旅』一九九九〈平凡社ライブラリー〉平凡社
田端英雄 編『エコロジーガイド 里山の自然』一九九七 保育社
中国科学院中国植被図編輯委員会 編『中国植被図集』二〇〇一 科学出版社 北京
津田智 火の生態学――植物群落の再生を中心として 一九九五 日本生態学会誌45:一四五―一五九頁
津田智 植生管理の手法としての火入れ 二〇〇一 環境技術30(6):四五〇―四五三頁
富樫均・岡本透・須賀丈 霧ヶ峰高原に分布する黒色土の^{14}C年代とC/N比 二〇一八 長野県環境保全研究所研究
報告14:七―一二頁
富樫均 過去一〇〇年にわたる里山の環境変遷復元の試み――飯綱町矢筒山の事例 二〇〇七 長野県環境保全研究
所研究報告3:七九―八六頁
富樫均・田中義文・興津昌宏 長野市飯綱高原の人間活動が自然環境に与えた影響とその変遷 二〇〇四 長野県自
然保護研究所紀要7:一―一六頁
鳥居龍蔵『武蔵野及其周囲』一九二四 磯部甲陽堂
中静透 冷温帯林の背腹性と中間温帯論 二〇〇三 植生史研究11(2):三九―四三頁
中静透『森のスケッチ』二〇〇四 東海大学出版会
中西進『万葉集 全訳注原文付(一)』一九七八〈講談社文庫〉講談社
中西進『万葉集 全訳注原文付(二)』一九八〇〈講談社文庫〉講談社
中西進『万葉集 全訳注原文付(三)』一九八一〈講談社文庫〉講談社

長野県 編『長野県版レッドデータブック——長野県の絶滅のおそれのある野生生物 維管束植物編』二〇〇二 長野県
長野県 編『長野県版レッドデータブック——長野県の絶滅のおそれのある野生生物 動物編』二〇〇四 長野県
長野県 編『長野県版レッドリスト——長野県の絶滅のおそれのある野生生物 植物編 2014』二〇一四 長野県
長野県 編『長野県版レッドリスト——長野県の絶滅のおそれのある野生生物 動物編 2015』二〇一五 長野県
中堀謙二 変貌する里山 一九九六『講座［文明と環境］9 森と文明』（安田喜憲・菅原聰 編）二一〇—二二二頁 朝倉書店
中堀謙二 肥料が変えた里山景観 二〇〇三『森林サイエンス』（信州大学農学部森林科学研究会 編）三七—五八頁 川辺書林
中山誠二 中部高地における縄文時代の栽培植物と二次植生の利用 二〇一五 第四紀研究54（5）：二八五—二九八頁
西尾規孝・武井秀彦・関和弘・早武基好・小山 剛 野焼きがオオルリシジミ蛹に及ぼす影響 二〇〇九 New Entomologist 58（3、4）：七六—七九頁
野田公夫・守山弘・高橋佳孝・九鬼康彰『シリーズ 地域の再生17 里山・遊休農地を生かす——新しい共同＝コモンズ形成の場』二〇一一 農山漁村文化協会
浜栄一 信濃の蝶・風土・人—16—［7］南安曇地方 その3（22）安曇野の景観・横堰・オオルリシジミ 二〇〇三 KARAKORUMU 44：三—七頁
速水融『歴史人口学で見た日本』二〇〇一〈文春新書〉文藝春秋
日浦勇（日高敏隆他 編）『蝶 分布と系統——日浦勇 選集』一九八四 蒼樹書房
ブローデル、フェルナン（浜名優美訳）『地中海1』一九九九〈藤原セレクション〉藤原書店
ブローデル、ポール（浜名優美監修、尾河直哉訳）歴史家ブローデル誕生秘話 二〇〇三『入門・ブローデル』一七五—二〇一頁 藤原書店
マン、チャールズ・C（布施由紀子訳）『1491——先コロンブス期アメリカ大陸をめぐる新発見』二〇〇七 日

本放送出版協会
水本邦彦『草山の語る近世』二〇〇三〈日本史リブレット〉山川出版社
水本邦彦『徳川の国家デザイン』二〇〇八　小学館
水本邦彦『村——百姓たちの近世　シリーズ日本近世史②』二〇一五〈岩波新書〉岩波書店
森浩一『日本の深層文化』二〇〇九〈ちくま新書〉筑摩書房
森浩一・網野善彦『日本史への挑戦』二〇〇八〈ちくま学芸文庫〉筑摩書房
養父志乃夫『里地里山文化論（上・下）』二〇〇九　農山漁村文化協会
山浦悠一　林業が生物多様性の保全に果たす現代的な役割——若い植栽地の価値　二〇一七　季刊森林総研39：四—五頁
山野井徹　黒土の成因に関する地質学的検討　一九九六　地質学雑誌102（6）：五二六—五四四頁
山野井徹『日本の土——地質学が明かす黒土と縄文文化』二〇一五　築地書館
湯本貴和 編『シリーズ　日本列島の三万五千年——人と自然の環境史　第1巻　環境史とは何か』（松田裕之・矢原徹一 責任編集）二〇一一　文一総合出版
湯本貴和 編『シリーズ　日本列島の三万五千年——人と自然の環境史　第2巻　野と原の環境史』（佐藤宏之・飯沼賢司 責任編集）二〇一一　文一総合出版
湯本貴和 編『シリーズ　日本列島の三万五千年——人と自然の環境史　第3巻　里と林の環境史』（大住克博・湯本貴和 責任編集）二〇一一　文一総合出版
渡邊眞紀子　土壌の資源的価値に関する比較文化的考察　一九九二　比較文化（中央学院大学比較文化研究所紀要）6：一八九—二一〇頁
Jones, R. (1969) Fire-stick farming Australian Natural History 16(7), 224-228.
Nagata, Y. K. and Ushimaru, A. (2016) Traditional burning and mowing practices support high grassland plant diversity by providing intermediate levels of vegetation height and soil pH. Applied Vegetation Sciene 19, 567–577.

Nakahama, N., Uchida, K., Ushimaru, A. and Isagi, Y. (2018) Historical changes in grassland area determined the demography of semi-natural grassland butterflies in Japan. Heredity DOI：10.1038/s41437-018-0057-2

Roberts, N. (2014) The Holocene：An Environmental History. Third Edition. 364p. Wiley Blackwell.

Szabó, P. (2015) Historical ecology：past, present and future. Biological Reviews 90(4), 997–1014.

Uchida, K., Takahashi, S., Shinohara, T. and Ushimaru, A. (2016) Threatened herbivorous insects maintained by long-term traditional management practices in semi-natural grasslands. Agriculture, Ecosystems and Environment 221, 156–162.

Ushimaru, A., Uchida, K. and Suka, T. (2018) Grassland biodiversity in Japan：threats, management and conservation. In：Squires VR, Dengler J., Feng H. & Hua L. (eds.) Grasslands of the world：diversity, management and conservation. In press. CRC Press, Boca Raton, US.

第二章

浅野秀剛『浮世絵は語る』二〇一〇　講談社

有岡利幸『里山Ⅰ』二〇〇四　法政大学出版局

有岡利幸『里山Ⅱ』二〇〇四　法政大学出版局

有賀秀子「本草綱目」に基づいて再現した〝酥〟と「延喜式」に見られる〝蘇〟について　一九九三　New food industry 35：五―八頁

飯沼賢司『下野狩日記』『下野狩旧記抜書』の成立とその史料的価値　二〇一〇　史学論叢40：四二―五三頁

生駒勘七『木曽の庶民生活――風土と民俗』一九七五　国書刊行会

石田龍次郎　皇国地誌の編纂――その経過と思想　一九六六　一橋大学研究年報・社会学研究8：一―六一頁

石塚成宏・河室公康・南浩史　黒色土および褐色森林土腐植の炭素安定同位体分析による給源植物の推定――八甲田山南山麓における事例　一九九九　第四紀研究38：八五―九二頁

和泉清司『近世前期郷村高と領主の基礎的研究――正保の郷帳・国絵図の分析を中心に』二〇〇八　岩田書院

市川信也　甲州日記写生帳の発見について　二〇〇六　浮世絵芸術152：五〇―五六頁
伊藤豊彰　黒ぼく土　二〇〇七『土壌を愛し、土壌を守る――日本の土壌、ペドロジー学会50年の集大成』（日本ペドロジー学会編）六一―六四頁　博友社
井上淳　火災史を考える上での macro-charcoal 研究の重要性と分析方法――日本の火災史研究におけるその役割　二〇〇七　植生史研究15：七七―八四頁
井上淳・北瀬（村上）晶子　湖沼堆積物中の燃焼痕跡物として記録された後氷期の人間活動　二〇一〇　第四紀研究49：一七三―一八〇頁
井上淳・吉川周作　琵琶湖周辺に分布する黒色土中の黒色植物片について――黒色土中の微粒炭研究の新たな取り組み　二〇〇五　第四紀研究44：二八九―二九六頁
井上弦・米山忠克・杉山真二・岡田英樹・長友由隆　都城盆地の累積性黒ボク土における炭素・窒素安定同位体自然存在比の変遷――植物珪酸体による植生変遷との対応　二〇〇一　第四紀研究40：三〇七―三一八頁
ウエストン、ウォルター　農村を訪れて知る日本の豊かさと国民性　二〇〇三　ナショナルジオグラフィックが見た日本の百年　五六―六一頁　日経ナショナルジオグラフィック社
浦山佳恵　長野市芋井地区における土地利用に伴う植生の変化　二〇〇二　長野県自然保護研究所紀要第5巻別冊長野県の土地利用変化と自然環境との関連に関する研究　二七―四一頁
エコソフィア編集委員会　二〇〇六［特集］森の国の草原　エコソフィア18：一―四三頁
大崎晃　木曽山における森林保護と巣山・留山再考――尾張藩の享保林政改革前を中心に　二〇〇七　徳川林政史研究所研究紀要41：二三―四九頁
太田猛彦『森林飽和――国土の変貌を考える』二〇一二　NHK出版
岡本透　土壌と土地利用――黒色土の由来　二〇〇五『森の生態史――北上山地の景観とその成り立ち』（大住克博・杉田久志・池田重人 編）七三―八六頁　古今書院
岡本透　森林土壌に残された火の痕跡　二〇〇九　森林科学55：一八―二三頁
岡本透『森林の歴史をひもとく――諏訪湖周辺を対象にして』二〇一一　長野県林業コンサルタント協会

岡本透　古地図から読み解く百年で移り変わる山の風景　二〇一七　『山の農学――「山の日」から考える』（日本農学会 編）　一九―三六頁　養賢堂
岡本透・片倉正行・松澤義明　信州の埋没黒ボク土――平成18年7月豪雨災害で露出した埋没黒ボク土の年代と成因　二〇一一　地球環境16：一五一―一六一頁
岡本透・藤川将之　江戸時代の史料からみた秋吉台の土地利用と植生　二〇一三　洞窟学雑誌37：一―二〇頁
小椋純一『絵図から読み解く人と景観の歴史』一九九二　雄山閣
小椋純一『植生からよむ日本人のくらし――明治期を中心に』一九九六　雄山閣
小椋純一　日本の草地面積の変遷　二〇〇六　京都精華大学紀要30：一五九―一七二頁
小椋純一　古写真と絵図類の考察からみた鎮守の杜の歴史　二〇〇八　国立歴史民俗博物館研究報告１４８：三七九―四一二頁
小椋純一　火からみた江戸～明治の森林植生　二〇〇九　森林科学55：五―九頁
小椋純一　絵図からみた日本の植生史　二〇〇九　『地球環境史からの問い――ヒトと自然の共生とは何か』（池谷和信 編）　八七―一〇二頁　岩波書店
小椋純一『森と草原の歴史――日本の植生景観はどのように移り変わってきたのか』二〇一二　古今書院
小椋純一・山本進一・池田晃子　微粒炭分析から見た阿蘇外輪山の草原の起源　二〇〇二　名古屋大学加速器質量分析計業績報告書13：二三六―二四〇頁
大住克博　人為撹乱と二次的植生景観――草原と白樺林　二〇〇五『森の生態史――北上山地の景観とその成り立ち』（大住克博・杉田久志・池田重人 編）　五四―七二頁　古今書院
小野寺淳　絵図に描かれた自然環境――出羽国絵図の植生表現を例に　一九九五　歴史地理学37：二一―三五頁
笠原三紀夫・東野達 監修『大気と微粒子の話――エアロゾルと地球環境』二〇〇八　京都大学学術出版会
鎌田磨人　カヤ場の利用と景観生態　一九九九　遺伝53　三七―四二頁
川岸村誌刊行会『川岸村誌続』一九五五　川岸村
河野通明　農耕と牛馬　二〇〇九『人と動物の日本史2――歴史のなかの動物たち』（中澤克昭 編）　九六―一二六

頁　吉川弘文館
川村博忠『江戸幕府の日本地図――国絵図・城絵図・日本図』二〇一〇　吉川弘文館
河室公康・鳥居厚志　長野県黒姫山に分布する火山灰由来の黒色土と褐色森林土の成因的特徴――とくに過去の植被の違いについて　一九八六　第四紀研究25　八一―九八頁
鬼頭宏『人口から読む日本の歴史』二〇〇〇　講談社
工藤伸一　縄文時代のきのこについて　二〇〇二　菌蕈48（10）：三六―四五頁
国絵図研究会 編『国絵図の世界』二〇〇五　柏書房
黒川任之　里山再開発構想を舞台とする林業生産集団化促進対策　一九六八　林野時報15（7）：七―一四頁
小林茂・宗建郎　環境史からみた日本の森林――森林言説を検証する　二〇〇九『地球環境史からの問い――ヒトと自然の共生とは何か』（池谷和信 編）一五四―一七三頁　岩波書店
児玉幸多『保存版古写真で見る街道と宿場町』二〇〇一　世界文化社
小山騰『ケンブリッジ大学秘蔵明治古写真――マーケーザ号の日本旅行』二〇〇五　平凡社
近藤豊　ブラックカーボンと地球温暖化――ミクロな粒子による気候変化　二〇〇七　Japan Geoscience Letters 4：一―三頁
斉藤研一　中世絵画に見る動物の捕獲・加工・消費　二〇〇九　動物と中世――獲る・使う・食らう（五味文彦・小野正敏・萩原三雄 編）二一五―二四八頁　高志書院
斎藤多喜夫『幕末明治横浜写真館物語』二〇〇四　吉川弘文館
斎藤多喜夫　横浜写真小史再論　二〇〇六『F・ベアト写真集2　外国人カメラマンが撮った幕末日本』（横浜開港資料館 編）九四―一三四頁　明石書店
阪口豊　黒ボク土文化　一九八七　科学57：三五二―三六一頁
桜井秀雄　八ヶ岳山麓・霧ヶ峰周辺における縄文・中世の陥し穴　二〇一一『信州の草原　その歴史をさぐる』（湯本貴和・須賀丈 編）八二―一〇七頁　ほおずき書籍
佐々木尚子・高原光・湯本貴和　堆積物中の花粉組成からみた京都盆地周辺における「里山」林の成立過程　二〇一

一　地球環境16（2）：一一五—一二七頁
佐瀬隆　十和田火山起源の完新世テフラを母材にする火山灰土壌のプラントオパール分析　一九八六　ペドロジスト30：二—一四頁
佐瀬隆・細野衛　植物ケイ酸体と環境復元　二〇〇七　『土壌を愛し、土壌を守る——日本の土壌』ペドロジー学会50年の集大成』（日本ペドロジー学会 編）三三五—三四二頁　博友社
佐瀬隆・細野衛　長野県中部高地、広原湿原周辺域に分布する黒ボク土層の意味　二〇一八　資源環境と人類8：一七—三〇頁
佐瀬隆・細野衛・高地セリア好美　三内丸山遺跡の土壌生成履歴——植生環境、人の活動および黒ボク土層の関係　二〇〇八　植生史研究16（2）：三七—四七頁
佐瀬隆・井上克弘・張一飛　洞爺火山灰以降の岩手火山テフラ層の植物珪酸体群集と古環境　一九九五　第四紀研究34：九一—一〇〇頁
佐瀬隆・近藤錬三・井上克広　岩手山麓における最近一三〇〇〇年間の火山灰土壌の植生環境——分火山灰層の植物珪酸体分析　一九九〇　ペドロジスト34：一五—二九頁
佐瀬隆・町田洋・細野衛　相模野台地、大磯丘陵、富士山東麓の立川—武蔵野ローム層に記録された植物珪酸体群集変動——酸素同位体ステージ5．1以降の植生・気候・土壌史の解読　二〇〇八　第四紀研究47：一—一四頁
サトウ、アーネスト（庄田元男訳）『日本旅行日記1・2』一九九二〈東洋文庫〉平凡社
サトウ、アーネスト 編著（庄田元男訳）『明治日本旅行案内中巻ルート編［Ⅰ］・下巻ルート編［Ⅱ］』一九九六　平凡社
澤口晋一　化石周氷河現象から見た氷期の北上川上流域と北上山地　二〇〇五　『日本の地形3東北』（小池一之・田村俊和・鎮西清高・宮城豊彦 編）五五—五八頁　東京大学出版会
色部城南・矢野口保邦『科野名所集（上下篇）』一九〇九　城南書店
四手井綱英　続林業雑考（一）　一九五三　蒼林4（46）：一一—一五頁
四手井綱英　薪炭林　一九五三　山林834：一四四—一五二頁

四手井綱英　農用林というもの　一九五九　林業技術（207）：一四―一六頁
四手井綱英　林業とは　一九六四　蒼林15（170）：一四―一九頁
四手井綱英　広葉樹造林について　一九六五　北方林業　17（193）：九九―一〇三頁
四手井綱英　水田の稲掛け　一九七二　自然（319）：二二―二三頁
四手井綱英　マツとマツ林　一九七二　自然（316）：二四―二五頁
四手井綱英『森林はモリやハヤシではない――私の森林論』二〇〇六　ナカニシヤ出版
信濃山林會『長野県森林統計書（第一回）』一九〇四
進藤晴夫・牛島夏子・本名俊正・山本定博・本間洋美　黒ボク土における植物炭化物の分布と腐植組成あるいは非晶質A1成分との関係　二〇〇三　日本土壌肥料学雑誌（74）：四八五―四九二頁
末崎真澄　ウマと日本人　二〇〇八『人と動物の日本史1　動物の考古学』（西本豊弘 編）一九二―二一四頁　吉川弘文館
須賀丈　長野県の半自然草地――その変遷史と分布　二〇一〇『草地の生態と保全――家畜生産と生物多様性の調和に向けて』（日本草地学会 編）一一〇―一二七頁　学会出版センター
須賀丈　半自然草地の変遷史と草原性生物の分布　二〇一〇　日本草地学会誌（56）：二二五―二三〇頁
菅原真弓『浮世絵版画の十九世紀――風景の時間、歴史の空間』二〇〇九　株式会社ブリュケ
杉田真哉・高原光　四次元生態学としての古生態学が森の動態を画きだす　二〇〇一　科学71：七七―八五頁
杉山真二・渡邊眞紀子・山元希里　最終氷期以降の九州南部における黒ボク土発達史　二〇〇二　第四紀研究（41）：三六一―三七三頁
杉山伸也・山田泉　製糸業の発展と燃料問題――近代諏訪の環境経済史　一九九九　社会経済史学（65）：三一―二三頁
鈴木三男・能城修一　縄文時代の森林植生の復元と木材資源の利用　一九九七　第四紀研究（36）：三二九―三四二頁
住谷雄幸『江戸人が登った百名山』一九九九　小学館文庫〈小学館〉

スプレイグ、デイビッド・岩崎亘典　迅速測図をはじめとする各種地図のGIS解析による茨城県南部における農村土地利用の時系列変化の研究　二〇〇九　ランドスケープ研究（72）：六二三―六二六頁
諏訪教育会『諏訪の近世史』一九六六　諏訪教育会
諏訪史談会『諏訪藩主手元絵図』一九八五
諏訪市史編纂委員会『諏訪市史上巻（原始・古代・中世）』一九九五　諏訪市
瀬川拓郎『アイヌと縄文――もうひとつの日本の歴史』二〇一六〈ちくま新書〉筑摩書房
高尾和宏・大村寛　江戸時代、静岡北部井川村における大面積伐採　二〇〇七　日本森林学会誌（89）：一一一―一二五頁
高橋喜平　里山考　一九九一　随想森林（24）：九六―九七頁
高原光　花粉分析による植生復元と気候復元　二〇〇六　低温科学（65）：九七―一〇二頁
高原光　日本列島の最終氷期以降の植生変遷と火事　二〇〇九　森林科学（55）：一〇―一三頁
田中薫　里地・里山の江戸時代（上）――松本平（盆地）とそれを取り巻く山々　二〇〇九　信濃（61）：四一―六二頁
田村和也・浅見佳世・赤松弘治・福井聡　広島県南西部における明治時代以降の植生景観の変遷と立地条件との関係　二〇〇九　ランドスケープ研究（72）：四八五―四八八頁
塚本学　諸国山川掟について　一九七九　人文科学論集13：一一―二四頁
塚本良則『森林・水・土の保全――湿潤変動帯の水文地形学』一九九八　朝倉書店
辻圭子・辻誠一郎・南木睦彦　青森県三内丸山遺跡の縄文時代前期から中期の種実遺体群と植物利用　二〇〇六　植生史研究特別第2号「三内丸山遺跡の生態系史」一〇一―一二〇頁
辻誠一郎・能代修一編『三内丸山遺跡の生態系史』二〇〇六　植生史研究特別第2号
筒井迪夫『日本林政史研究序説』一九七八　東京大学出版会
筒井迪夫　秋田藩における森づくりの思想　一九八四　森林文化研究（5）：二四三―二四五頁
寺崎康正　間伐の話　一九五一　蒼林2（20）：五四―五八頁

富樫均・田中義文・興津昌宏　長野市飯綱高原の人間活動が自然環境に与えた影響とその変遷　二〇〇四　長野県自然保護研究所紀要7：一―一六頁
所三男『近世林業史の研究』一九八〇　吉川弘文館
富田啓介『里山の「人の気配」を追って――雑木林・湧水湿地・ため池の環境学』二〇一五　花伝社
鳥居厚志・金子真司・荒木誠　近畿地方の3地点の黒色土の生成、とくに母材と過去の植生について　一九九八　第四紀研究37：一三―二四頁
中澤克昭　狩猟神事の盛衰　二〇一一　信州の草原その歴史をさぐる（湯本貴和・須賀丈 編）一一〇―一三七頁　ほおずき書籍
中島道郎　農家生活と薪炭林　一九五三　山林829：一―七頁
中島道郎　土地利用の合理化を基調とする農用林経営　一九五八　林業経済112：九―一五頁
長野県『長野県史近世史料編第六巻木曽地方』一九七九　長野県史刊行会
長野県自然保護研究所　長野県の土地利用変化と自然環境との関連に関する研究　二〇〇二　長野県自然保護研究所紀要第5巻別冊
長野県環境保全研究所　信州の里山の特性把握と環境保全のために　二〇〇六　長野県環境保全研究所研究プロジェクト成果報告5
中堀謙二　肥料が変えた里山景観　二〇〇三『森林サイエンス』（信州大学農学部森林科学研究会 編）三七―五八頁　川辺書林
中村俊彦・本田裕子　里山、里海の語法と概念の変遷　二〇一〇　千葉県生物多様性センター研究報告2：一三―二〇頁
中谷雅昭　初期藩政と林業　一九七三『秋田県林業史上巻』（秋田県 編）八八―一三三頁
鳴海邦匡『近世日本の地図と測量――村と「廻り検地」』二〇〇七　九州大学出版会
西本豊弘・新美倫子 編『事典人と動物の考古学』二〇一〇　吉川弘文館
農林水産省大臣官房統計部経営・構造統計課センサス統計室　2010年世界農林業センサス結果の概要（確定値）

二〇一一　農林水産省
萩島哲・坂井猛・鵤心治『広重の浮世絵――風景画と景観デザイン』二〇〇四　九州大学出版会
橋本靖・佐藤雅俊・赤坂卓美　近代的な開拓前の帯広市周辺の自然景観　二〇一七　帯広畜産大学学術研究報告38：二五―三三頁
橋本佳延『古写真から紐解く六甲山地東お多福山草原の移り変わり』二〇一六　東お多福山草原保全・再生研究会
長谷川成一　近世後期の白神山地――山林統制と天明飢饉を中心に　二〇〇六　白神研究3：三七―四四頁
原田洋・井上智『植生景観史入門――百五十年前の植生景観の再現とその後の移り変わり』二〇一二　東海大学出版会
藤尾慎一郎・今村峯雄・西本豊弘　弥生時代の開始年代――AMS炭素一四年代測定による高精度年代体系の構築　二〇〇五　総研大文化科学研究1：七三―九六頁
細田貴助『県宝守矢文書を読むⅡ　中世の史実と歴史が見える』二〇〇六　ほおずき書籍
正井泰夫・中村和郎・山口裕一『日本地図探検術』一九九九　PHP研究所
松田堯　里山再開発事業の概要　一九六八　林野時報15（7）：二一―六頁
松木武彦『列島創世記――旧石器・縄文・弥生・古墳時代　日本の歴史第1巻』二〇〇七　小学館
松本繁樹『山地・河川の自然と文化――赤石山地の焼畑文化と東海型河川の洪水』二〇〇四　原書房
松本富一　農用林問題について（上）一九五〇　蒼林1（1）：七―一八頁
三沢勝衛　八ヶ岳火山麓の景観型　一九二九　地理学評論5：七九〇―八二一、八七二―八九九頁
水本邦彦『草山の語る近世』二〇〇三　山川出版社
水本邦彦『村――百姓たちの近世　シリーズ日本近世史②』二〇一五〈岩波新書〉岩波書店
三宅修『現代日本名山図会』二〇〇三　実業之日本社
宮崎克則　シーボルト『NIPPON』の山々と谷文晁『名山図譜』二〇〇六　九州大学総合研究博物館研究報告4：三九―九二頁
百原新　東アジアの植物の多様性と人類活動　二〇〇七『地球史が語る近未来の環境』（日本第四紀学会・町田洋・

岩田修二・小野昭 編）一〇一―一二二頁 東京大学出版会
盛本昌弘 牛馬の放牧と芻の確保 二〇〇九 『動物と中世――獲る・使う・食らう』（五味文彦・小野正敏・萩原三雄 編） 七三―一〇〇頁 高志書院
安田初雄 古代における日本の放牧に関する歴史地理的考察 一九五九 福島大学学芸学部論集社会科学 一一―一八頁
安田喜憲・三好教夫 編『図説日本列島植生史』一九九八 朝倉書店
養父志乃夫『里地里山文化論〈上〉循環型社会の基層と形成』二〇〇九 農山漁村文化協会
養父志乃夫『里地里山文化論〈下〉循環型社会の暮らしと生態系』二〇〇九 農山漁村文化協会
山田義三郎 森林の黒化策を論ずる 一九五〇 蒼林（5）：一一―一八頁
山田稔「一村限明細絵図」清図の記号について 二〇〇七 山口県文書館研究紀要34：三一―五五頁
山野井徹 黒土の成因に関する地質学的検討 一九九六 地質学雑誌102：五二六―五四四頁
山野井徹 黒土と縄文時代 二〇〇〇 山形応用地質20：一九―二六頁
山野井徹『日本の土――地質学が明かす黒土と縄文文化』二〇一五 築地書館
山本博一「木の文化」を支える森林 二〇〇五 山林1455：二―一〇頁
横浜開港資料館『世界漫遊家たちのニッポン――日記と旅行記とガイドブック』一九九六 横浜開港資料館
横浜開港資料館『増補彩色アルバム明治の日本《横浜写真》の世界』二〇〇三 有隣堂
吉川昌伸 東北地方の縄文時代中期から後期の植生とトチノキ林の形成 二〇〇八 環境文化史研究1 二七―三五頁
吉川昌伸・鈴木茂・辻誠一郎・後藤香奈子・村田泰輔 三内丸山遺跡の植生史と人の活動 二〇〇六 植生史研究特別第2号『三内丸山遺跡の生態系史』四九―八二頁
吉野正敏 監修『日本の気候I――最新データでメカニズムを考える』二〇〇二 二宮書店
脇田雅彦『木曽巡行記』一九七三 一宮史談会
渡邉眞紀子 土壌の資源的価値に関する比較文化的考察――黒ボク土と農耕文化 一九九二 中央学院大学比較文化

研究所紀要6：一八九―二一〇頁
渡邉眞紀子　黒ボク土と古代生業　一九九七　環境情報科学26：三六―四一頁
Hiradate, S., Nakadai, T., Shindo, H. and Yoneyama, T.（2004）Carbon source of humic substances in some Japanese volcanic ash soils determined by carbon stable isotopic ratio, δ13C. Geoderma, 119, 133–141.
Kawahata, H., Yamamoto, H., Ohkuchi, K., Yokoyama, Y., Kimoto, K., Ohshima, H. and Matsuzaki, H.（2009）Changes of environments and human activity at the Sannai-Maruyama ruins in Japan during the mid-Holocene Hypsithermal climatic interval. Quaternary Science Reviews, 28, 964–974.
Mo, W., Nishimura, N., Soga, Y., Yamada, K. and Yoneyama, T.（2004）Distribution of C3 and C4 plants and changes in plant and soil carbon isotope ratios with altitude in the Kirigamine Grassland, Japan. Grassland Science, 50, 243–254.
Preston, C.M. and Schmidt, M.W.I.（2006）Black（pyrogenic）carbon：a synthesis of current knowledge and uncertainties with special consideration of boreal regions. Biogeosciences, 3, 397–420.
Sasaki, N. and Takahara, H.（2011）Late-Holocene human impact on the vegetation around Mizorogaike Pond in northern Kyoto Basin, Japan：a comparison of pollen and charcoal records with archaeological and historical data. Journal of Archaeological Science, 38, 1199–1208.
UNEP/WMO（2011）Integrated Assessment of Black Carbon and Tropospheric Ozone：Summary for Decision Makers. 31p, UNEP.
Weston, W.（1922）Some Aspects of Rural Japan. The National Geographic Magazine, 42(3), 275–301.

第三章

伊藤貴庸・中山祐一郎・山口裕史　伝統的畦畔と基盤整備畦畔における植生構造とその変遷仮定　一九九九　雑草研究44（4）：三三九―三四〇頁
植松裕太・武田義明・丑丸敦史　兵庫県西谷地区における里草地の草本植物相　二〇一〇　関西自然保護機構会誌32

（2）：八五―九八頁
佐久間智子・白川勝信　雲月山火入れ草地の維管束植物　二〇〇八　高原の自然史13：一一―三三頁
徐錫元・城戸淳　近畿地方における水田畦畔の雑草防除の現状～アンケート調査結果～　二〇〇〇　雑草研究45（1）：四三―五三頁
須賀丈・丑丸敦史・田中洋之　日本列島における草原の歴史と草原の植物相・昆虫　『日本列島の三万五千年――人と自然の環境史　第2巻　野と原の環境史』（佐藤宏之・飯沼賢司 編）　二〇一一　一〇一―一二二頁　文一総合出版
田端英雄 編『エコロジーガイド　里山の自然』一九九七　保育社
那須浩郎・百原新　稲作農耕伝来後の水田雑草フロラの変遷　二〇一八『雑草学入門』（山口裕文 監修，宮浦理恵・松嶋賢一・下野嘉子 編）五〇―六五頁　講談社
平舘俊太郎・楠本良延・森田沙綾香　外来種の侵入は土壌pHと有効態リン酸に関連している　農業環境技術研究所研究成果情報第25集　主要研究成果7
福井聡　湧水湿地の保全を目的とした森林伐採が湿地植生に与える影響　二〇〇八　神戸大学総合人間科学研究科・修士論文
前川文夫　史前帰化植物について　一九四三　植物分類・地理13：二七四―二七九頁
前川文夫『世界の植物』一九七八　三一二五頁
松村俊和　淡路島における三〇年間の畦畔面積の変遷とその要因　二〇〇八　景観園芸研究9：二七―二九頁
松村俊和・武田義明　水田畦畔法面の二次草原における管理放棄後の年数と種組成・種多様性との関係　二〇〇八　植生学会誌25：一三一―一三七頁
山口裕文・梅本信也　水田畦畔の類型と畦畔植物の資源学的意義　一九九六　雑草研究41（4）二八六―二九四頁
山口裕文・梅本信也・前中久行　伝統的水田と基盤整備水田における畦畔植生　一九九八　雑草研究43（3）：二四九―二五七頁
山崎不二夫『水田ものがたり――縄文時代から現代まで』一九九六　農山漁村文化協会

レッドデータブック近畿研究会（代表・村田源）『改訂・近畿地方の保護上重要な植物――レッドデータブック近畿２００１』二〇〇一　財団法人平岡環境科学研究所

Fukamachi, K., Oku, H. and Nakashizuka, T. (2001) The change of a satoyama landscape and its causality in Kamiseya, Kyoto Prefecture, Japan between 1970 and 1995. Landscape Ecology 16, 703–717.

Hautier, Y., Niklaus, P. A. and Hector, A. (2009) Competition for light causes plant biodiversity loss after eutrophication. Science 324, 636–638.

Kleijn, D. et al. (2009) On the relationship between farmland biodiversity and land-use intensity in Europe. Proceedings of the Royal Society B 276, 903–909.

MacDonald, D. et al. (2000) Agricultural abandonment in mountain areas of Europe：environmental consequences and policy response. Journal of Environmental Management 59, 47–69.

Matsumura, T. and Takeda, Y. (2010) Relationship between species richness and spatial and temporal distance from seed source in semi-atural grassland. Applied Vegetation Science 13, 336–345.

Myers, N., Mittermeier, R. A., Mittermeier, C. G., da Fonseca, G. A. B. and Kent, J. (2000) Biodiversity hotspots for conservation priorities. Nature 403, 853–858.

Nagata, Y. K. and Ushimaru, A. (2016) Traditional burning and mowing practices support high grassland plant diversity by providing intermediate levels of vegetation height and soil pH. Applied Vegetation Science 19, 567–577.

Normile, D. (2016) Nature from nurture. Science 351, 908–910.

Ohara, R. G. and Ushimaru, A. (2015) Plant beta-diversity is enhanced around grassland-forest edges within a traditional agricultural landscape. Applied Vegetation Science 18：493–502.

Tsuji, M., Ushimaru, A., Osawa, T. and Mitsuhashi, H. (2011) Paddy-associated frog declines via urbanization：A test of the dispersal-dependent-decline hypothesis. Landscape and Urban Planning 103(3), 18–325.

Uchida, K. and Ushimaru, A. (2014) Biodiversity declines due to abandonment and intensification of agricultural lands：patterns and mechanisms. Ecological Monographs 84, 637–658.

Uematsu, Y., Koga, T., Mitsuhashi, H. and Ushimaru, A.（2010）Abandonment and intensified use of agricultural land decrease habitats of rare herbs in semi-natural grasslands. Agriculture, Ecosystems & Environment 135, 304–309.

Uematsu, Y. and Ushimaru, A.（2013）Topography-and management-mediated resource gradients maintain rare and common plant diversity around paddy terraces. Ecological Applications 23, 1357–1366.

Ushimaru, A., Uchida, K. and Suka, T.（2018. In press.）Grassland biodiversity in Japan：threats, management and conservation. in Squires, V.R., Dengler, J., Feng, H. & Hua, L.（eds.）Grasslands of the world：diversity, management and conservation. CRC Press, Boca Raton, US.

Verhulst, J., Báldi, A. and Kleijin, D.（2004）Relationship between land-use intensity and species richness and abundance of birds in Hungary. Agriculture, Ecosystems & Environment 104, 465–473.

Yanagisawa, N. and Fujita, N.（1999）Different distribution patterns of woody species on a slope in relation to vertical root distribution and dynamics of soil moisture profiles. Ecological Research 14(2), 165–177.

農林水産省「湿地システムとしての水田の生物多様性の向上」 http://www.maff.go.jp/j/press/kanbo/kankyo/pdf/081105-02.pdf

環境省「生物多様性基本法」 http://www.biodic.go.jp/biodiversity/about/kihonhou/files/biodiversity.pdf

環境省「生物多様性国家戦略２０１２―２０２０――豊かな自然共生社会の実現に向けたロードマップ」 http://www.biodic.go.jp/biodiversity/about/initiatives/files/2012-2020/01_honbun.pdf

長野県環境保全研究所 二〇一一 長野県生物多様性概況報告書 https://www.pref.nagano.lg.jp/kanken/chosa/kenkyu/tayose/documents/nbo.pdf

農林水産省「環境との調和に配慮した事業実施のための調査計画・設計の手引き」 http://www.maff.go.jp/j/nousin/jikei/keikaku/tebiki/01/

【ヤ行】

【ラ行】

【ワ行】

【ナ行】

【ハ行】

【マ行】

【タ行】

【サ行】

索引

書籍、史料名は『 』で示した。

著者紹介

須賀丈（すか・たけし）

一九六五年大阪府生まれ。京都大学大学院農学研究科博士後期課程修了。現在、長野県環境保全研究所主任研究員。専門は昆虫生態学、保全生物学。

『長野県版レッドデータブック動物編』の作成に参画。共編著『信州の草原――その歴史をさぐる』（ほおずき書籍）、共著「日本列島における草原の歴史と草原の植物相・昆虫相」（『シリーズ日本列島の三万五千年――人と自然の環境史　第2巻　野と原の環境史』所収、文一総合出版）、編集総括および分担執筆『長野県生物多様性概況報告書』（長野県環境保全研究所）などがある。

岡本透（おかもと・とおる）

一九六九年山口県生まれ。東京都立大学大学院理学研究科地理学専攻卒業。現在、国立研究開発法人森林研究・整備機構森林総合研究所関西支所グループ長。

共著に「動く大地――山並みの生いたち」（『雪山の生態学――東北の山と森から』所収、東海大学出版会）、「土壌と土地利用――黒色土の由来」（『森の生態史――北上山地の景観とその成り立ち』所収、古今書院）、「土壌に残された野火の歴史」（『信州の草原――その歴史をさぐる』所収、ほおずき書籍）などがある。

丑丸敦史（うしまる・あつし）

一九七〇年群馬県生まれ。京都大学理学研究科修了学位取得。京都大学生態学研究センターCOE特別研究員、総合地球環境学研究所非常勤研究員を経て、現在、神戸大学人間発達環境学研究科教授。

共著に「花の性――両性花植物における自家和合性と自動的自家受粉の進化」（『花生態学の最前線――美しさの進化的背景を探る』所収、文一総合出版）、「花標に学ぶ送粉共生系」（『プラントミメティックス――植物に学ぶ』所収、株式会社 エヌ・ティー・エス）などがある。

草地と日本人【増補版】
縄文人からつづく草地利用と生態系

2012年2月20日　初版発行
2019年2月12日　増補版発行

著者　須賀 丈・岡本 透・丑丸敦史
発行者　土井二郎
発行所　築地書館株式会社
東京都中央区築地7-4-4-201　〒104-0045
TEL 03-3542-3731　FAX 03-3541-5799
http://www.tsukiji-shokan.co.jp/
振替 00110-5-19057
印刷・製本　シナノ印刷株式会社
装丁　吉野 愛

ISBN 978-4-8067-1576-4

● 築地書館の本 ●

百姓仕事がつくるフィールドガイド

田んぼの生き物

飯田市美術博物館［編］
2000 円＋税

この本を持って、田んぼへ行こう！

春の田起こし、代掻き、稲刈り……四季おりおりの水田環境の移り変わりとともに、そこに暮らす生き物の写真ガイド。

魚類、爬虫類、トンボ類などを網羅した決定版。

田んぼで出会う花・虫・鳥

農のある風景と生き物たちのフォトミュージアム

久野公啓［著］
2400 円＋税

「農」の魅力を再発見！

百姓仕事が育んできた生き物たちの豊かな表情を、美しい田園風景とともにオールカラーで紹介。彩り豊かな畦道で見たあの植物、昆虫、カエルたち。夏の田んぼでのんびり羽を休める渡り鳥。今や希少になりつつある田んぼの生き物たちをたっぷり紹介。